# 植物情怀

## *Botaniste*

［法］马克·让松 ［法］夏洛特·福夫

— 著 —

戴 捷

— 译 —

华东师范大学出版社

上海

图书在版编目（CIP）数据

植物情怀 /（法）马克·让松,（法）夏洛特·福夫
著;戴捷译.—上海:华东师范大学出版社,2021
　　（三棱镜译丛）
　　ISBN 978-7-5760-1332-0

Ⅰ.①植… Ⅱ.①马… ②夏… ③戴… Ⅲ.①植物–
普及读物 Ⅳ.①Q94-49

中国版本图书馆CIP数据核字（2021）第129786号

Originally published in France as:
*Botaniste* by Marc Jeanson & Charlotte Fauve
© Editions Grasset & Fasquelle, 2019.
Current Chinese translation rights arranged through Divas International, Paris
（巴黎迪法国际）
Simplified Chinese edition copyright:
East China Normal University Press, Ltd., 2021
All rights reserved.

上海市版权局著作权合同登记　图字:09-2019-846号

## 植物情怀

著　　者　［法］马克·让松　夏洛特·福夫
译　　者　戴　捷
责任编辑　朱华华　王海玲
责任校对　苏柯楠　时东明
装帧设计　刘怡霖

出版发行　华东师范大学出版社
社　　址　上海市中山北路3663号　邮编 200062
网　　址　www.ecnupress.com.cn
电　　话　021-60821666　　行政传真 021-62572105
客服电话　021-62865537　　门市（邮购）电话 021-62869887
地　　址　上海市中山北路3663号华东师范大学校内先锋路口
网　　店　http://hdsdcbs.tmall.com/

印　刷　者　上海昌鑫龙印务有限公司
开　　本　890×1240　32开
印　　张　6.25
字　　数　117千字
版　　次　2021年8月第1版
印　　次　2021年8月第1次
书　　号　ISBN 978-7-5760-1332-0
定　　价　58.00元

出版人　王　焰

（如发现本版图书有印订质量问题,请寄回本社客服中心调换或电话021-62865537联系）

献给：玛格丽特（Marguerite）

帕斯卡尔（Pascal）

致：马迪松（Madison）

向马丽昂（Marion）表示衷心的感谢。

植物标本：夹在两页纸之间的叶子。

一

我一直梦想着在一座暖房里熟睡，纽约便是一座玻璃与钢铁的城市暖房，它帮助我实现了这个疯狂的愿望。我想象着这座矿物大都市在幻变中给自己搭建了一栋绿树成荫、空气纯净的幽居。我喜欢纽约的光线和从摩天大楼缝隙中露出的天空。狂风暴雨使得水从下水道和地铁口汩汩而出；烈日当空时，街道又干得开裂。我喜欢中央公园，这座置于高楼大厦中间的森林，总是纠缠于大自然与耀武扬威的城市之间。人们常常惊讶于我是如此喜欢都市，这或许是因为出于对植物的喜爱，而非看重如何与周围的事物相处吧。在几个月之内，我把纽约植物园暖房中的许多东西搬进了我空空如也的公寓里。在蒙彼利埃的植物园，博物学家菲利贝尔·科默松①遭到解雇，原因是他倒腾出来许多种子和植物。我愿意宽恕他，因为我自己便是个急

①  Philibert Commerson：科默松（1727—1773），法国医生、探险家和博物学家。——本书注解均为译注

性子的植物偏执狂，总是希望有能力让所有的种子都发芽，只是为了满心欢喜地看着它们破土而出，捧着嫩绿的叶子。有一天，正是在这座城市森林中，我看到一株嫩芽长出来，由此发现了一株棕榈树，学名 *Caryota angustifolia* Zumaidar & Jeanson，一种窄叶鱼尾葵，这就是它的名字，是我给它起的。

我是植物的"发明者"，至少在18世纪人们会这样定义我的职业。这种说法有一点高傲的意味，我并不喜欢。因为植物学家不创造什么，既不制造机器，也不编写什么新程序，我们只满足于识别大自然生物画册中的个体。它们取之不尽，一页地展现在我们眼前。然而，我仍希望这种说法能够激发想象力，因为我在纽约布朗克斯区中央"发明"的这种鱼尾葵来自印度尼西亚的苏拉威西岛，呈不规则鱼叉状。苏拉威西岛有陡峭的山峰，茂密的雨林，树叶像男人的胸膛一样宽大。我不知道还能怎样形容，因为我从来没去过那里。我是在一本植物标本集中看到这株棕榈科植物的，此前从未有人描述过它的特性。植物标本的威力就是这么强大，根本不需要改换时差就可以找到新的物种。但这也着实让我想象了一番苏拉威西岛的模样，不知道这株美丽的棕榈科植物鱼尾葵是否还生长在那里。推土机坚硬的钢齿完全无视陡峭的悬崖，它们啃噬山坡，以便在那里种上油棕树。尽管这些树也很美丽，威武雄壮，但人类对油棕树的开发有些过度了。

二

我不是18世纪的人，我属于速度与飞机的年代。清晨6点，我离开气温摄氏5度的巴黎，坐上几小时的飞机、吃顿飞机餐就到了雅加达。从温带向热带地区的过渡我丝毫没有感受到，没有缓缓滑向湿润的气息，也看不到不断翻涌的浪花和飞鱼。热带雨林就在门外，可我却触摸不到。昨天，采摘就像呼吸一样自由；如今，各种国际协议阻碍着人们获取或接近生物的多样性。以前是树木的森林，今天是无数的采集、准入、转移的许可证。一切都需要办手续，我的领域变成行政、官僚机构，而非实地考察。我在废纸堆里爬行，时而掉入错综复杂的万野网（*World Wild Web*），时而面对屏幕陷入沉思。这一切与植物学家有什么关系？可能是对植物抑制不住的喜爱、日常工作中植物对我的吸引，最终让我抬起头来，或是低下头去望着延伸至我窗前的小花园，看着这株枝叶伸向我脚下的丝苇（*Rhipsalis*）。一走到户外，我的目光便一直在睃巡：小摩托车轮下冒出来一株嫩芽，地铁出口处的玫瑰在跟我打招呼；一枝窄叶黄菀（séneçon du Cap）在斑驳的马路上乐不可支，一棵小泡桐树（*Paulownia*）伸出三个叶片去征服城市。它们都在向本不属于自己的空间进发，却如鱼得水，在令我痴迷许久的伟大植物王国里称王称霸。

# 三

在我撰写这本书的同时，《世界在线植物志》已经收集了大约40万种维管植物，也就是有茎、叶和根的植物。然而统计并没有完成，数量一直在有规律地增加。明天，会有一两种新的植物被"发明"出来。

直到16世纪末，被收录的植物只有几千种。三个世纪之后，便数以万计。

这期间植物标本馆出现了。巴黎植物标本馆（*Herbarium parisiensis*）这座不起眼的建筑坐落在巴黎植物园后面。巴黎人并不知道它的名字，也不知道它的存在，但他们很清楚，地球上生长的大部分植物已经归档。那里有浩如烟海的知识，有我和同事们精心守护的800万份植物标本。我们的团队传承了前人超过350年的实地考察与知识探索，这三个世纪的不懈努力由强烈的渴望，即清查生物的种类所支撑。无数的探险家冒着生命危险投身于荒野的清理与勘探中，而我们仍未完成对这广袤土地的发掘。

我总是在想，做一名植物学家需要浪迹天涯，需要热爱大地、云雾和泥土。那些以自己名字为植物命名的人已经将云游四海的闲情逸致提升到科学的高度，他们的腿被树枝划破，染成绿色的手指紧握着放大镜。我甚至有时想象，许多个世纪以来，他们像我的同事一样，在年度标本集出版时欣喜若狂。每个人都兴奋地在埃松省的阿蒂斯山①森林中穿梭往返，而小组的活力正是依赖于每个人的行动：他们以饱满的个体精力两个小时搜索两米的范围，抬头望向天空，眼睛贴近地面；每个人都醉心于自己偏爱的那一片土地，并不在乎他人的进度。

其中有图内福尔②，爱讥讽，喜欢开玩笑，去割岩石上的青苔来充实自己的迷你收藏。他跟阿当松③有得一拼，后者在一次聊天时，因对植物的狂热而滔滔不绝，让听众落荒而逃，而沟渠边上生长的一棵洋甘菊就能让他忘乎所以。还有那位我钟爱的拉马克④，这位可怜的植物学家被拿破仑折腾得痛哭流涕。我想象着他一手拿着植物志，目光散漫在他第一个开始命名的云

---

① Athis-Mons：阿蒂斯山，法国法兰西岛大区埃松省市镇。
② Joseph de Tournefort：约瑟夫·德·图内福尔（1656—1708），法国植物学家。
③ Michel Adanson：米歇尔·阿当松（1727—1806），法国博物学家。
④ Jean-Baptiste Pierre de Lamarck：让-巴蒂斯特·皮埃尔·德·拉马克（1744—1829），法国博物学家。

彩中。还有皮埃尔·普瓦夫尔①，一位笨拙的植物学家，他把自己的采集物藏在大衣的夹层里。离我们更近的，有莱昂·梅屈兰②，这位细心的邮局工作人员带着自己的秘密撒手人寰。他制作了永不褪色的标本集，里面有粉嫩的蜀葵，艳紫的紫罗兰。还有热拉尔-居伊·艾莫南③先生，这位亲爱的艾莫南先生，拄着拐杖殿后，步履蹒跚地踩着他杰出前任的足迹前行。

他们都是植物的"发明者"，以热情洋溢的手势放飞着绿叶。您将读到这些叶片，它们是注入了情感与意愿的筛选，满载着那些神奇远足的记忆。

---

① Pierre Poivre：皮埃尔·普瓦夫尔（1719—1786），法国园艺学家和植物学家。
② Léon Mercurin：莱昂·梅屈兰（1898—1994），法国20世纪植物学家。
③ Gérard-Guy Aymonin：热拉尔-居伊·艾莫南（1934—2014），法国植物学家、巴黎国立自然历史博物馆教授。

# 四

我是在兰斯①周边长大的，那里是广袤的平原，遍撒农药，种植谷物，还有规整的葡萄园。我父母的房子就在阿德尔②河畔。那一处乡村并非了无生趣，山谷中有一座葡萄园，小树林和池塘点缀其间。

孩提时代我很少出游，假期像罗马道路那样漫长，日子消磨在香槟③夏日那样肥硕的绿色中。我躺在葡萄藤下，坐在山毛榉弯弯的树枝上，在它们毛茸茸的绿色树叶中幻想；我懒洋洋地躺在河边，干草平原的热石灰石上，一直躺到草没了脖子和蠓虫四处乱窜。我搜寻着菊花蓝（bleu chicorée）、千屈菜（rose salicaire）、香浦绒（duvet des typhas）。

我从来不会离水塘太远，那里是我的度假村。我感兴趣的是不

---

① Reims：兰斯，法国东北部城市。
② Ardres：阿德尔河，位于法国北部加来海峡大区加来海峡省。
③ Champagne：香槟，为历史上法国的行省之一，现属香槟-阿登大区，也是香槟酒的产地

流动的水，最好是发臭的水。烂泥是我的宝藏。我总在有水的地方徘徊，从小就这样，走出来不过是为了晾干衣服或是避免责问。

那时的农村很少有空闲的土地。森林被开垦过，土地被耕种过，没有野地了，只有湿地。湿地里面可以惊奇地发现一些奇形怪状的生物，还有竹节虫躲在树桠间，它们间或打乱了动植物之间的界限。水塘里面蠢蠢欲动，我独自一人在那里度过一整天：手拿小渔网，躲在芦苇丛中等待出现新的动静：雨蛙出来呱呱叫，翠鸟冲向刺鱼。这种鱼非常可爱，长有刺，在欧洲只有这种鱼才筑巢。对它而言，夏天的到来便意味着爱情的终结：公鱼挺着变红的肚子，瞪着蓝眼睛去逗引母鱼，虎视眈眈地守护着它们用海带筑成藏有鱼卵的鱼巢。翠鸟并不是唯一觊觎这个披着亮闪鱼鳞的家伙的天敌，还有我，目不转睛地追踪它，盯着混浊的水中它背脊上的刺。抓刺鱼并不容易，我挥起渔网，却往往捞个空。我能抓住拇指般大小的青蛙，追逐鱼苗，把手伸向淤泥中的幼虫和不知名的小虫。回到家中的时候，我的怀里揣着一只装满褐色和蓝盈盈污水的瓶子。我的房间里窗帘后面摆满了各式各样的小鱼缸。

到了开学的日子，我坐在学校医务室的板凳上痛苦地捂着肚子，校医困惑地问我最近是否去过热带国家。那年我11岁，就这样不知不觉地成了一名探险家。

# 五

　　我从小就是个野孩子，除了极特殊的情况，我总是怕见人。一有人按门铃，我便飞快地跑到菜地里躲起来。

　　跟人接触让我心里发毛，可是逃避人类又使我不得不面对另一种令人感到恐惧的东西——飞虫。尽管这种恐惧对一个成长中的男孩子来说不算什么，可在我身上这种恐惧是实实在在的。孩提时代我的大部分时间置身于石炭纪，要躲避长有透明翅膀的蜻蜓，在长相酷似齐柏林飞艇的马蝇飞向我时放声尖叫。可是这一切都没能阻止我在田野中奔跑，只是要非常小心，因为我随时会被一只蓝色的大蜻蜓或一只犀角金龟吓得半死。

　　在花园里，一切都安静下来，围墙圈起一片祥和的天地，只有驯化的自然和我共同生活在没有尖叫和没有碰撞的世界里。由于与外界隔离，我开始慢慢习惯自己的恐惧，习惯这些奇奇怪怪的鞘翅。抬眼望向紫藤织就的天穹，渐渐地，与同我一样享受紫藤的阴凉与芬芳的生命体相处：有长着轻盈翅膀的无害的蝴蝶，也有发出巨大嗡嗡声的黑色球状蜂。当它们从我头顶飞过时，我抱住头，等它们飞远时才露出一只眼睛。其实我也很着迷，小心翼翼地窥视这些巨型昆虫来来往往。秋天到了，它们不再去拈花惹草，而是跑到我的窗户外翻腾。我从房间里看到它们在忙碌着。现在我知道这是些会盖房子的蜜蜂。它们啃噬着木头，用上颚拱进事先挖好的隧道里。它们非常团结，我觉得它们很友好。

后来，与大自然相处成为我唯一的乐趣。

# 六

我5岁时，春天是阔叶的季节，叶子是我最好的隐身衣。我快乐地在大黄叶宽大的斗篷下面爬来爬去。这也是哥哥去掏鸟窝的季节。

无聊的孩子会发明出各种奇怪的游戏。哥哥带着一帮孩子去偷鸟蛋，然后这帮捣蛋鬼再把鸟蛋扔向铁栅栏，这是他们能发出"啵"声的黏稠子弹。我看到了他们的屠杀，无助地看着挂在栅栏上脆弱的小鸟被摔成血色花环。我在无声地愤怒，望着那只眼睛已失去神采的小鸽子攥紧了拳头。那是我第一次发怒，且这愤怒在不断增长。

8岁时，我坚持要求妈妈给绿色和平组织寄去一张支票，因为我要拯救被困在飘网中的海豚。同时，我开始抚养许许多多从鸟窝中掉下来的雏鸟，用蘸了牛奶的面包屑来喂它们。我的头顶上总是飞着一大群肥胖的麻雀和小乌鸫鸟，由于太胖，它们非常吃力地扇动着翅膀。电话响起时，总是来找我的：有人要我去救助一只被割草机挂住的刺猬，或是在村口给一条被汽车轧死的水游蛇收尸。

那时我着迷于活跃的动物世界，对默默生长的植物界丝毫不动心。能吃东西、活动和发出声音的动物令我着迷，其他的、绿色的东西对我而言不过是布景而已。

有一天早上，我在学校上课时，一只蛤蟆从我房间的门洞里跳了进来，它沿着走廊一点点跳过来，跳向灾难。房间里的玻璃缸被它掀了个底朝天。

我遭到了劫难，当然，号称我父母的人确实错了，他们打破了我的梦想。他们让我扔掉了所有的虫虫，威胁说如果再不阻止我这种疯狂举动，将来大量的臭水、两栖动物和植物会侵犯他们的客厅。他们的担忧不无道理，我是后来才明白的——后来我去了纽约，看到我们的公寓被上百株种在花盆里的植物一点点占据了墙壁和天花板时，室友拜龙目瞪口呆。

话说回来，面对父母的禁令，红树林找到了不可能再迁移的落脚之处，因为密林已经在我头脑中扎下了根。

在植物标本馆中，我常常想，那些矗立在楼梯下的大理石雕像，是谁给了他们那样的决心，让他们打破传统习惯跑遍全世界的。阿当松到底在哪里找到力量去改变他的命运，抛下了布里地区香浦①议事司铎的头衔？从逻辑上说，他生活的圈子应该局限在天主教范围内，可能是竞争或是一劳永逸地跨越所有村镇的沟壑，他也许申请过离开巴黎并被派往最不健康也是最危险的教区，即塞内加尔的圣路易②，最终成为在热带地区的中央、非洲西部探索的第一位博物学家。在笔记中，他把法语的botanique（植物学家）写成botanike，有如说唱歌手，有如反叛者。

图内福尔也是一个叛逆的例子。他从小不喜欢拉丁语，常常旷课跑到艾克斯③的小山坡上，直到一位耶稣会会士找到他拎着耳朵把他捉回去。

这两个小男孩从来没见过面，图内福尔去世20年后阿当松才出生。但在想象中，我愿意让他们两人在一起，戴着教士缨穗的黑色四方帽，找到分离树干和树皮的黑线，扒出无处躲藏的金龟子，再把它们捉住。

拯救我的人出现在电视屏幕上，一位留着绿色头发的男人，他对植物爱得发狂，看上去作为植物学家他很快乐。他叫帕特里克·勃朗④。我必须见到他，可他并没有回复我的信。这无关紧要，我打定了主意。

----

① Champeaux：香浦，法国法兰西岛大区塞纳-马恩省市镇。
② Saint-Louis：圣路易，塞内加尔西北部的一座城市。
③ Aix-en-Provence：艾克斯，法国普罗旺斯-阿尔卑斯-蓝色海岸大区罗讷河口省市镇。
④ Patrick Blanc：帕特里克·勃朗（1953—　），法国生物学家和植物学家。

七

　　我很晚才对植物产生兴趣。吊兰（phalangère）是一种很常见的室内植物，它们把长蔓伸向中学实验课教室里冷冰冰的环境。到了学期末，实验室技术员问我们要不要带几枝回去扦插，我本来并不感兴趣，却鬼使神差地随着别人举起了手。回到家，我把那苍白的一段枝条插入盆土中，就扔到架子上不管了。出人意料的是，那蜘蛛般的植物居然伸向窗户那边，长出了绿黄相间的叶子。突然，有个金光闪闪的舌头在舔我的书桌，像是吸收了阳光再把它洒在我的本子上。我惊讶不已，不需要什么，一点土，一点阳光和水分，这东西就能生长。我的大脑中有一个秘密冒出芽来。

　　只有很少的植物学家是天生的植物学家，他们是随着时间的推移慢慢看到了不可见的事实。动物本能地依赖人类，能博到眼球；植物则相反，它们一动不动，一言不发，表面上没有任何反应，令它们内部不断活动的世界黯然失色。

这株吊兰的快速生长让我感到迷惑，更让我着迷的是它的美，植根于古老的情感：膝盖沾满污泥，蝴蝶的光影掠过微合的眼睑。太阳光透过大黄和独活巨大的叶片，像透过彩绘玻璃窗一样洒下光芒，传递给我这样的男孩一些天书般的文字，这个年龄的孩子可看不出光合作用。

这种奇妙的感觉伴随着对生物不了解的好奇，不理解它的精力用在哪里。比如我的小池塘中逃到池底的小金鱼，它只需猛地甩动一下鱼鳍便可调动起所有的精力；而我的吊兰则没有这个本事，它连书架都逃不掉，只能面对现实，谦恭地接受透过窗户射进来的太阳光。我认为这样令人震惊的有效生长机制是无限的，它的枝蔓不断地伸长。我突然感觉到它们把我拉出了房间，带我走到很远的地方。

我想起祖母的那棵雪松，像一头木质的蓝鲸，它的树枝伸向天空，比我活得更长久。

# 八

有一年夏天，好像是一次交流的机会——外出的原因太过模糊，对之后发生的事，我的印象反而更加深刻——我们中学的人道主义协会把我送上飞机。后来我坐上一辆卡车，双手紧紧抓住座位的扶手，卡车飞驰在塞内加尔坑坑洼洼的公路上。第一次，我花在书本上的时间比花在大自然中的多。卡车后备箱里一些陈旧的中学课本随着车身的晃动颠簸着，我必须把它们护送到毛里塔尼亚边境。我的面前是260公里长的大路，两边种满高大的棕榈树。司机塞西的脚永远踩在油门上，哑着嗓门大声说笑，时不时把头甩到开着的车窗外；我则竭力把脖子伸向最平庸的物事：糖棕（*Borassus aethiopium* Mart.）。我睁大眼睛看着沙沙作响的棕榈树，路在向后退去。从达喀尔到圣路易，从塞内加尔的新都到古都，一直到中途停靠的波多尔河的尽头。

那时我还不知道，我是跟随米歇尔·阿当松的脚步在回溯时间。植物学家就是跟随幽灵的足迹前行，因为我们的旅行通向无边的天际，途中标记着那些通常被遗忘的天才人物。我们的采集叠加在他们之上，我们一起讲述着地球的变迁、景色的变幻。这些变化表现在这条路上，比我们颠簸的卡车更快，用科学术语来讲，是一种历时性分析。但眼下，我还只是一名中学生，呆呆地经历着平生第一次热带地区之旅。我已经被无数的树叶和感受淹没了，完全不知该如何思考。

巧合的是，阿当松的标本集无论是年代顺序还是地理方面，都制作得非常精细，可以让后人准确地跟随其采集者的足迹。这是后来有一天艾莫南先生在博物馆中向我解释的。阿当松的整个一生像小布塞①一样，在身后撒下了仔细标注过的样本。

自此大约十年以后，我才发现塞内加尔之行是阿当松所做的唯一的长途旅行。相隔几个世纪，阿当松当年的激情在我心中引起回响。我站在一位兄长的肩上，正如他站在那位高大的班巴拉人的肩上，后者带领他穿越了瓦苏尔涝洼地，那里的水变成"皇家桥那里两倍宽的塞纳河"。那边的红树枝一旦接触到水就变成根，变成罗马教堂的拱门。在青翠的灌木丛中，班巴

---

① Le Petit Poucet：《小布塞》是法国民间童话故事，后由作家佩罗改写。在故事中，一对伐木工夫妇因生活贫困将7个孩子遗弃在山林中，最小的孩子小布塞机智地一路扔下小石子，带领哥哥们返回家中。

拉人从拱门下悄悄走近长有"丝绸般闪着银光的叶子"的莲子草（*cadelari*），它们漂浮在河边几米远处。

到达目的地后，阿当松一共在那里待了110天。今天，烈日当空，太阳把我们的影子重叠在了一起。

# 九

我感觉太阳钻进了我的皮肤，在这样的热浪中，我有可能倒地身亡；身体晒成干，就像我在圣路易的货摊上看到的鱼干，然后灰飞烟灭。我失去了时间的概念，每一天都与前一天一模一样，同样的热浪，同样的阳光。那一周没有尽头，两天就回到了远古时代。80年前或昨天，一头狮子在门口怒吼。打开门，空气中充满了童话故事以及白鹈鹕和乳油木的气味。而周边的植物强化了这种失魂落魄，一种树也叫不出名字，要么树皮全脱，要么就长满树叶，我对原因一无所知。树叶集中长在树干的最上面，毛茸茸的一堆，好似棕榈旋涡。

非洲占据地图很大一块，在地球仪上，标出的航海路线像是着了火，一直通向几内亚湾，然后才是向亚洲运送装满了香料的货船。有人说，最好远离黑色大陆，因为在热带地区待的时间过久会消耗精力，然后灵魂突然就从耳朵或鼻孔里冒出来，变成一股水汽溜走了。阿当松担心自己的皮鞋会被烤焦，先用鸡蛋试了一下沙子的温度。从此以后，他出门必带帽子。如果鸡蛋清变软，预示着温度至少是60摄氏度。这种鸡蛋可以当午餐了。

我呢，漫无目的地四下看看，看着塞西烧着一锅干干的筛鲱鱼，他自己都认不出来那是什么：五颜六色的东西从鱼肚子里冒出来，蛆虫在粗菜中扭动着。这便是热带地区的温度，无以复加的热浪与烤干的皮肉。然而，我慢慢习惯了汗水，放慢脚步去适应这里的气候。热带地区，感官过度饱和，从中可嗅出肉的味道、鱼的味道，连盐都有自己的气味，大片的结晶捕捉到了骆驼和驼峰的气息。

我再次回忆起帕特里克·勃朗的第一节课。那天他迟到了。这位植物学家顶着一头蕨类植物似的头发，擦着额头上的汗，"呼"的关上了门，继而打开窗户，敞开上衣露出印着绿叶花纹的衬衫，然后开始讲述灌木丛中的一种植物："这种植物有精子的气味。"站在我们面前的是一位热带雨林的植物专家。帕特里克从大量的绿色植物中提炼出了丰富的形状与颜色，噪音与气味，有香蕉、精子、鲜蚝、老鼠尿的气味。他告诉我们，要描述这个世界是需要一些感觉的，标本在干燥的过程中会失去气味，因此有必要学会抓住它们的气息并描述出来。

# 十

阿当松只身远航前往塞内加尔诸岛时比我大不了多少。他写给御花园植物学家老师朱西厄<sup>①</sup>的最后一封信颇让人感动。我想象着他在洛里昂<sup>②</sup>码头上走来走去，兴奋不已。为了打发时间，他在海边的沙子和沙蚤中漫步，把装满海藻的水桶放到旅店床下，研究那些能把船板蛀空的蛀虫。他咬着嘴唇担忧不已，文字中流露出颤抖，眼巴巴地看着一艘艘船离开港口。

但是他此刻的担忧与他到塞内加尔所面临的危险相比不算什么，这位朱西厄的学徒在18世纪的旅行中冒着无以复加的风险：比如说晕船就能让人对航海产生恐惧，海上航行是很残酷的。1748年4月的一个早上，他拖着虚弱的身体终于到达圣路易。塞内加尔岛是一个处于两股风——海风与河风——中间的

---

① Bernard de Jussieu：贝尔纳·德·朱西厄（1699—1777），法国植物学家。
② Lorient：洛里昂，法国西部城市，重要港口。

沙地，那是白人与黑人擦肩而过的地方。年轻的阿当松顶着一头红发，面对着奇异而全新的植物群手足无措，那里植物的多样性与植物学家以往探索和构建的植物群毫不相干。一切都如此广袤，如此震撼，以至伟大的林奈[1]或是他的前辈图内福尔所制定的法则在此毫无用武之地。在藤本植物中，根本没有必要按照花冠、雌蕊或雄蕊的形状去给大自然排序。需要制订其他参数，可是如此丰富的植物特征该如何选择？

阿当松当时已经乱了阵脚，他使劲睁大眼睛看，看到了许多植物，许许多多，最终决定采用一种分类系统。他的同时代人不知道这是一种伟大的还是彻底疯狂的方法。阿当松想出的办法是考虑每一株植物的所有器官，再放到同一个标本图板上做比较，以这种自然分类为基础，奠定了延续至今的以科、属、种分类的标准。这项工程极为浩大，阿当松穷其一生也没能完成。从塞内加尔带回来的几千种样本，再加上所有其他的样本，这项工程异常艰巨，但阿当松力图对自然历史中三万种生物体做出细致的归类。阿当松回到巴黎后，立志把这件事做到底。他拒绝了一切出版社的出书建议，因为出书不能实现他的远大抱负。在自然科学博物馆中，他的所有收集分放在246个档案柜中，全是植物标本馆中的植物标本，包含24 000种样本。此前

---

[1] Carl von Linné：卡尔·冯·林奈（1707—1778），瑞典植物学家、动物学家和医生。

没有人尝试去数字化，无数片迷人的叶子上印着布满灰尘的水印"AD"。所有这一切都在讲述着植物界的全部：丰富的样本，狂热的标签，不辞劳苦、没有穷尽的描述，不能漏掉植物的一点一滴。阿当松甚至在一棵洋葱茎边上贴了一些碎鸡蛋壳，好让人们知道在复活节时基督徒如何用它给鸡蛋染色。也许他的担心是有道理的，谁知道哪一天这种鳞茎会消失不见，而上帝或是科学可以根据他的记录重新打造出来。讽刺的是，阿当松在塞内加尔描述的一棵树极具预言性：尽管阿当松删除了林奈一些过于简单的理论，为了向他表达敬意，林奈仍以这位傲慢和倔强的同行的名字为这种树命名——*Adansonia digitata* L.，即猴面包树。

这位不知名科学家的人生轨迹极为经典，具有传奇性。和别人一样，由于出发前无法在王室御花园获得期待已久的相关特许，阿当松只能接受以东印度公司一名雇员的身份前往。即将到达目的地时，这位年轻人对当地殖民者心胸狭窄的行为已经深恶痛绝。在回忆录中，阿当松把怒火藏在心中，也许是为了不损害慈悲为怀的探险家的美好名声，也许是为了维护与那些资助者本来就不算紧密的联系。但是在写给朱西厄的信中，他把心中的怒火一并发泄出来，对怀有恶意的商人大发雷霆，且失望至极。按照他的说法，东印度公司甚至不屑于给他一间用于研究的办公室。敬仰科学的阿当松被困在一个以普世原则为借口的膨胀体中，他们清查生物不过是象征性的，是为了在经济上控制新扩张的土地。学者与商人串通一气，而商人又与各国政要眉来眼去。在这中间，传统上与农业和医学并行的植物学被用于识别有价值的物种，寻找治病良方。身处运转良好的租赁公司，阿当松完全明白在殖民地这个大棋盘中，他不过是个小棋子，什么也改变不了。而东印度公司指望他做的是，在他们现有的食品清单中不断增加可用于拿去做贸易的物产。阿当松只有听命行事，研究如何处理靛蓝植物和阿拉伯树胶。他从未正面批判过奴隶制，可他有勇气指出奴隶应该获得更好的待遇，甚至在塞内加尔河沿岸自愿植树的农工应该拿到工钱，这已经得罪了一些人。至于他的生活方式，他生性爱饶舌，阿当松"像黑奴一样"生活和说话。在六个月内，年轻人就在闲聊中学会了当地的沃洛夫语。这种纯口语形式的语言被书写下来，应该是最早让他获取灵感在手稿中用发音来记录的方式，包括K，还有他发明的许多缩写形式。还有一种发明是延用当地的叫法为发现的植物命名。阿当松细心听取黑人的声音，坚持采用他们的词去命名树种，比如更愿意用 *cadelari*，而非 *Alternanthera*（莲子草属），这让他的王室御花园的同行们颇为困惑。阿当松所命名的喉音与拉丁语——那个年代的国际语言——不相称，他把乡愁揉进了字里行间。他发现，法国人与"黑奴"之间，除肤色外，没有什么区别。而且，法国人的肤色也没什么优势，那些东印度公司的白领在打猎时一下子就能被鸟儿发觉；而黑色皮肤与地皮的颜色浑然一体，难以察觉。

# 十一

后来在植物标本馆整理采集标本时，整个殖民主义的残留物便暴露了出来：被划破和生锈的露营货箱，象牙装饰上标有号码的布面盒子。有些就落在我的办公室里，它们一直在等待，而我们没有任何有用信息将它们归入数据库。

然而，自然历史的全部核心便在于此，带着其华丽与残酷。当我困惑地遇到其中一个时，我听到那些落满灰尘的瓶子的叮当声。里面有当年的照片，还有丰富的植物标本资源：达荷美王国①的妇女们戴着贝壳和珍珠首饰在沉思，还有脚泡在塞内加尔河水里的布鲁鲁渔民。有些照片上摄影师总是有意让黑人出现在镜头里，这样有对比效果。这些"野人"里有多少代人和我们一样为科学做出过贡献？他们背着沉重的箱子，尤其是能讲述某些根茎不为人知的作用，采摘难以触及的野果。直至今

---

① Royaume de Dahomey：达荷美王国，非洲历史上的一个王国，位于今日贝宁。

天，科学仍没有对世界扭曲的关系提出足够的问题；由于隐藏在科学的阴影里，它对这些发出微弱声音的基本事实不闻不问。应该是为了竖起耳朵仔细倾听他们的恐惧，记录他们讲述的治疗方法，阿当松才活着回来。

　　陪伴我的塞西以他独特的方式让我了解了塞内加尔，他手持勺子和双耳锅跟我解释正在煮的食物，然后把洗碗的任务交给我，好腾出身来去偷偷追女孩子。他绝对是所有向导里我最需要的那个，无论去中国还是去巴西，他都会指引我脚下的路，引导我在昏暗的热带雨林中搜寻。

# 十二

　　5年以后，阿当松筋疲力竭地离开了塞内加尔。就在他回到法国之后不久，英国海军抢占了圣路易，这一地缘政治的大反转将自然科学研究变成防御机密。他大段删节自己所写的游记，最终只出版了一卷，而其他研究成果只能封存在箱子里发霉。他以怕晕船为借口，拒绝了一切远行的职位，专心等待王室御花园的大门向他敞开。结果仍是一无所获，因为已经太晚了。当开发格雷岛的方案浮出水面时，晕船已经不能成为借口。阿当松的计划落空了，正如他建议去英国人那里窃取橡胶种子一样。于是，这位受朱西厄青睐的科学家转而去研究圆锥小麦和其他"奇奇怪怪"的事情。因为在热带雨林的经历，他获得了"非洲人"的昵称，还养成了独处的习惯，总是单独行事。在尚特雷娜街他的普及哲学花园（jardin philosophike universel）里，"非洲人"阿当松沉浸在他的回忆中，反复回想往事：黑人在被投入奴隶海船之前挂在脖子上的象征吉祥的种子，阿尔布雷达贸易站肮脏的井水，以及陷在那污泥中来自冈比亚河①的青蛙叫声。当时他已经无法起床，风湿病缓慢而坚决地把他彻底困在了床上。甚至让-雅克·卢梭——认为人性本恶的那位作家兼植物学家——前来拜访，也没能让他改变蹲着的姿势：接近地面就不像在海船上一样晃得人晕头转向了。

我则相反，是停不下来的旅行者；候机厅里的等待，是长途旅行中最难熬的一段时间。刚刚坐上返回法国的飞机，我就只考虑一件事：再次出行。从达喀尔到圣路易之间笔直而漫长的公路刚刚为我决定了今后20年的方向，我将成为"棕榈学家"。

当然，我以前见过棕榈树，但从未见过它们在热带地区自由生长的状况；离开了自然生长环境，它们便总是挨着地面，从来不会超过10米。

塞内加尔给予它们成长的空间，一个早上的旅程便让它们成为我眼中的巨人，俯瞰着其他植物。我有所不知的是，选择棕榈科——后来，我对棕榈树的了解更甚于对亲人的了解，别人把我归入"美妙的疯子"之列。2 600种棕榈树囊括了全球大

① Fleuve de Gambie：冈比亚河，西非的主要河流。

多数植物的纪录，比如最大的种子、最长的茎干、最丰富的花序等。一棵棕榈树的平均高度，远远超过正常成年人的个子。那么，现在如何把它放在一张30厘米×40厘米——标准的植物标本集尺寸——的白纸上？采集棕榈需要非常细心，植物学家甚至开玩笑说："不对，棕榈并不是最难放进植物标本集的植物，最难的是鱼。"

# 十三

阿当松成功地完成了两项挑战，即将棕榈和水生植物压成标本。在当年的条件下，这也没什么大不了的，因为同盐腌或盐渍食物一样，植物标本首先是保护和运输的一种技术，就是在两张纸中间夹住需压扁的东西，比如说植物，清空鱼或鸟的内脏，以"圣灵"的姿势将它们固定下来，左右翅膀张开，鸟喙别过来。为了便于储存和运送，标本集是最好的办法，制作和运输都方便，也不占多大空间。全球旅行使这些被称为"平整皮肤"的技术得以推广。继阿当松之后，植物学家科默松在第一次法国环球航行中与布干维尔[①]船长一起旅行，科默松在印度洋上也制作了鱼的标本集。

在整个职业生涯中，阿当松锲而不舍地寻找纸，哪怕方法有限，他也雄心勃勃。这是一种自己动手的科学，为了让植物

---

① Louis Antoine de Bougainville：路易·安托万·德·布干维尔（1729—1811），法国海军上将、探险家。

变得干燥，他可以捕捉手边的任何东西，这是为了自然历史的事业。隐花植物（孢子植物）总是收藏在28个用纸牌制作的盒子中，苔藓样本就躺在红桃A和梅花10中间。

　　但是令人惊奇的是，他所制作的鱼标本并不可怕，与塞西钓上来之后扔进碗中的奇形怪状的鱼没有一丝可比之处。塞西的鱼嘴里吞着自己的尾巴，那情形让人难以忘怀。博物学家手里的鱼在他娴熟的技巧下被解剖后钉在纸板上，鱼的轮廓回缩，颜色发黄。这个模样的鱼，显然鱼鹰或鳗鱼是不喜欢的。此种干燥法可以让这些标本跨海越洋，甚至跨越几个世纪，这也正是阿当松所要做的。"非洲鱼类学之父"从来没有写过有关鱼的文字，他只是把鱼压扁，以便他的同行在离非洲数千公里之外能够做出判断。

# 十四

上高中时，我了解了解剖。我一直喜欢动物，此时又深深地爱上了植物。但由于没有棕榈学科的课程，我不知该如何选择。兽医科学的预科可以帮助我在动物界和植物界之间做出决定性的选择。

当时我不知道探入动物的体内会引起我如此巨大的痛苦。一切都让我感到恶心：沾满血污皮毛的解剖刀，动物头盖骨的爆裂声，实验室小老鼠的粉嫩脑浆，特别是手套散发出的乳胶味和动物死尸的恶臭。每次我都竭力用肥皂去洗掉这些气味。

问题是，大学不再开设植物学课程，讲授的是植物生物或生理学，这是了解植物内部机理的基础学科，植物的运作机制很特别。但是大学里没有任何有关植物的命名、描述和辨别的专业。我大概知道自己想朝哪方面发展，却没有一个适合我的学科。我一个项目一个项目地找，没有找到合适的。三年当中，我从预科转到大学，从大学转到农学院，经过多次曲折的经历终于勉强接近我所梦想的职业。通过一次交谈，我认识了跟我同届的一位叫萝拉的学生，她说自己正在做法属圭亚那环花草科的研究，但接待她做实习的机构并不在卡宴，而是巴黎市中心的国立植物标本馆。

我大概知道植物标本的概念是什么，但怎么也没有想到，一座类似植物巴别塔的五层大楼里面装的全是植物标本。只有海鸥敢去打扰这座建筑的安宁，秋日里，它们飞到屋脊上望着落叶发出欢呼声，那嘶哑的叫声也像哭泣声，惊扰了科学家们。我们坐在顶楼，海鸥落在玻璃圆顶上踱来踱去。萝拉说她是伴随着鸟儿脚蹼的节奏工作的。她那间小小的办公室就在植物标本馆的最高处，能看到植物园。而她的电脑就放在一株茂盛的崖角藤（*Rhaphidophora*）旁边，还有很多饼干包装袋。饼干定是被系统发育分析的复杂性啃光了，我跟她开玩笑说。但萝拉有自己的空间，尽管很小，却是在这样重要的地方，给我留下了深刻的印象。

我第一次去参观时，萝拉站在三楼楼梯口迎接我。三楼是非洲部，有稀树草原和湿润林。我们周围堆放着大量的物品，摞了几米高的书、箱子和盒子，看了让人头昏眼花，这还是在过道里。进到沉重的门里，收集物便泛滥了。

植物标本馆本来可以收藏六百万份标本，萝拉跟我解释说，现在实际上有一千万份，都分散在几千捆材料中，搁在箱子里，一直堆到2.5米高的天花板上。为了拿最上面的东西，科学家们放了些移动梯子，从苏铁科（Cycadacées）到大戟科（Euphorbiacées），需要跳跃芭蕾舞步。梯子移动的滚动声盖过了金属阀门生锈的咔咔声，回响在整个大楼中。

　　仿佛随着时间的流逝，大楼和里面的工作人员跟植物标本混在一起，混在数不胜数的纸片中：干燥的植物叶片、万能纸版纸、确定标签等等。久而久之，纸张铺得到处都是，甚至到了墨西哥访问学者的屁股底下，他就坐在地上摞起来的一堆报纸上。植物标本馆就像一个国际机场里的商亭，收集了全世界混合了多国语言的菜叶，后来我需要费尽心力去解读。并不是植物学家喜欢阅读（也未必）才坐在报纸堆里，而是报纸有浴袍的作用，帮助我们为植物吸干水分。在美洲、亚洲和非洲，到处都有报纸去包裹刚采摘下来的新鲜叶子。最后所有的采集物都这样紧紧裹着被寄到我们的植物标本馆，叶片很可能就贴在一张越南的通便药或食人族事件的广告上。摊在我们面前的，不是引人瞩目的大字标题，就是穿着泳裤的前总统吉斯卡尔、拥挤的加蓬投票处、乳罩广告，或是罗思琳在科雷兹森林中被勒死之类的故事——这是萝拉在奶酪经销商广告旁边发现的一则情杀案。

# 十五

　　我急切地想看到棕榈树，由于我们已经穿越了马达加斯加，萝拉建议去红岛的棕榈树林休息一下。即使到这个时候，我的脑子里对植物标本还只有一个很模糊的概念。我了解一些最基本的知识，无非是晾干植物，但这也只是我个人的一些小小尝试，比如遗忘在我少年时期百科全书下面的伞形科植物。

　　在我的要求之下，萝拉从她的金属玻璃笼中取出一摞东西递给我，是卷在两个纸箱之间的一百多片叶子。手一压绑带扣就松开了，露出来一卷旧纸。慢慢地，这些文件开始膨胀并散发出霉味。为了保险起见，萝拉拿起最上面的一个文件夹放在一张木板上，然后一下子让开地方，让我去享受打开的乐趣。我的心突突跳着，掀开了盖板，下面出现一张棕色的棕榈叶，更准确地说，是棕榈叶的一段，我先看见叶柄的基部，然后看见花序分支。纸上别着一个信封，里面有五颗果子。最后，标本旁边贴着一张纸条，让这一小堆纤维有了生命。

纸条上写着，这株植物于1992年3月5日由亨克·亚普·本恩吉①采集，地点是马达加斯加最南部的东海岸。安德里南贝河从马雅龙波和贝拉维诺基两座村庄之间流过，在12a号国道附近。读到这些对棕榈树每一个因素和周围景色的详细描述，我可以闭着眼睛把自己想象成本恩吉，感觉到他站在这棵从水中冒出来的高大直立茎干面前的兴奋之情。确实，本恩吉音乐棕榈（*Ravenea muscicalis* Beentje）——这便是它的学名——是一种水生棕榈。

水生棕榈？我以为自己已经足够了解棕榈树了，可我并不知道有水生棕榈。萼片下面的照片补充了标签上的信息。我开始看时，以为其中有误。在本恩吉拍摄的照片上，水面上耷拉着一些长长的浅绿色带子。这是些什么东西？显然酷似多年水生植物的叶子，比如苦草属（*Valisneria*）或是水蕹属（*Aponogeton*）植物，怎么能是5米高的棕榈树呢？

往下读，我了解到本恩吉音乐棕榈的生命周期，而我敢肯定，就是它让奥维德②获得灵感写作了《变形记》。等到长成熟了，棕榈的果子便噼里啪啦掉到水里，本恩吉听到了这水晶般的音符，便为它命名，它比其同属的其他棕榈更健谈。

根据这位植物学家的观察，这种棕榈树的种子是在水边的

① Henk Jaap Beentje：亨克·亚普·本恩吉（1951—　），荷兰植物学家。
② Ovide：奥维德（公元前43—前17或18），奥古斯都时代的古罗马诗人。

沙子中发芽的，最早的根就扎在沙子里，而胚芽的叶子在水流中弯下来。变化是在嫩枝长到水面时发生的，坚硬的棕榈树在生长，而长长的叶子被水带着漂流。这种棕榈树便如此从水底下冒出，慢慢长成一棵雄伟而强壮的棕榈树，长成我们所喜欢的高大耸立的样子。

# 十六

本恩吉音乐棕榈的变化引起我的思考，萝拉的话消失了，我的思绪飞向安德里南贝河。在马达加斯加，本恩吉音乐棕榈已经不在水边生长了。在马达加斯加语中，这种棕榈叫 *Torendriky*，即淹在水里的树干。亲爱的阿当松一定认为这种叫法很亲切。这种树已经到处受到威胁，除非是在这张 1 200 平方厘米的白纸上。它的稀有很令人担忧，因此我们知道最终的结局，这是些进入博物馆收藏的物种，野生状态少得可怜，委身在一小片常常被城市开发或森林砍伐所威胁的土地上。

在 16 世纪，大自然既令人害怕又令人着迷，梦境中充斥着巨兽和幻想，这世上的重要人物在自己的陈列室中悄悄看着它们群魔乱舞。到了 21 世纪之初，人们只需用指尖一点便能查阅蛮荒之物，使其不再具有任何神秘可言；最终剩下的是它们的影子，由于处于灭绝边缘，我们对这些神秘的造物心生珍爱之情。再来上两三下电锯，本恩吉音乐棕榈就会跃出水面，随即加入殡仪馆中灭绝物种长长的名单当中，墓穴中只剩下这堆植物标本。它们的价值便维系于几条胶带上。这种沿用至今的简朴捆绑法源自16世纪，最终是唯一可以保存每一份标本最可信赖的办法。非此，植物就会逃脱科学的掌握，被遗忘，成为废品，同成千上万片叶子一样消失，成为物种最后的绝响。

# 十七

　　植物标本馆像磁石一样吸引着我。借着去看萝拉的机会，我不断地在楼道里转悠。但基本的装备是需要的，比如冬天的厚毛衣或夏天的风扇。楼道里冬天寒冷，夏天闷热异常。冬天，在篷布下面两层架子之间由暖气撑开的塑料罩中，开始进行标本的数字化；夏天，不得不在窗户上糊上牛皮纸阻止强光射入。为了研究的需要，萝拉在第二层楼搭了个帐篷，这是美洲层。她所研究的环花草科分散在数不清的储物柜里，她好似置身于疯狂的寻宝游戏中。

　　尽管植物标本馆的过道里塞满了植物木乃伊，可那里并非死气沉沉，而是再现了它们原来丰茂的原始生态系统。

　　首先是气味，纸、墨，还有植物的气味，就在过道拐弯处，这边是沙漠，那边是荒草原，然后像海市蜃楼一样消失无踪。

　　走近肉豆蔻科（Myristicacées），藏有肉豆蔻的地方香气四溢。走到楼道中央，我不得不停下脚步，好奇心被激发出来，抬起头到处闻。

有些储物柜膨胀起来撑开了盖板，那些带角的种子像小鬼一样从抽屉里蹦了出来。

在台座的最上面，气温达到最高时，好像能看到一些生命的迹象。有一天，我似乎看到一滴油从《卡波拉马》（Carporama）中一座植物雕塑上滴了下来，也就是达尔让泰尔上尉<sup>①</sup>不太知名的蜡塑杰作。在火热的毛里求斯岛上，他以真实的花卉和果实为原型把它们制成蜡塑。在每一个楼层，他的雕塑摆放在玻璃柜中醒目的地方，在太阳光的照射下，玻璃柜变成了暖棚。《卡波拉马》曾经发挥过教学的功能，向19世纪满怀好奇心的人们展示了第一座热带雨林植物园，即庞波慕斯植物园<sup>②</sup>的美妙。皮埃尔·普瓦夫尔在那里收集了一些稀有的物种，比如大型柑橘类果子，圆圆的，像两岁娃娃的小脑袋。庞波慕斯植物园里有大量的果子，闻起来有中国上好的茶叶和锡兰<sup>③</sup>桂皮的味道。人们在里面可以品尝马达加斯加的桑树绿果，安的列斯群岛的牛油果、椰枣和芒果，欧洲的苹果、桃子，还有罗汉果。按照游人的说法，这是"亚洲和世界上最好吃的果子"。这座植物园

① Louis Robillard d'Argentelle：路易·罗比亚尔·达尔让泰尔（1777—1828），法国雕塑艺术家。
② Jardin de Pamplemousses：庞波慕斯植物园，位于毛里求斯岛上庞波慕斯区，建于18世纪。
③ Ceylan：锡兰，斯里兰卡的旧名。

最吸引人的地方是肉豆蔻树林和丁香树林。当时这些树在原产地6 000公里以外被连根拔起，再移到植物园适应本地水土，不能不说这是一个植物学的壮举。虽然肉豆蔻的香气让我头昏眼花，但是当年在毛里求斯岛，肉豆蔻改变了香料的路径。正是为了亲眼见到它们，达尔让泰尔上尉这位19世纪初的天才才开启了这趟旅行。他在毛里求斯岛停留了25年，这样的作品是需要时间来打磨的。

　　唯一鉴别上尉完美复制果实作品的办法就是看到它们能够经受如此炎热的天气。在酷暑天气里，植物园的楼房里堪比热带雨林。在咖啡机旁边，一株拥有两百年历史的巨花魔芋（arum titan）长茎似乎在玻璃罩下面流着热泪。博物馆科学画家索索特小姐很爱惜这些作品，她着手清理《卡波拉马》系列。她面前是世界上最大的种子模型包围着两个巨大的裂片，像两瓣饱满的屁股。遇见海椰子，美臀果！普瓦夫尔是这个无以伦比的后臀的第一位崇拜者，它从塞舌尔的一棵棕榈树上掉下来，这棵棕榈树就是海椰子（Lodoicea maldivica Pers.），种子之王。达尔让泰尔，这位滑稽的艺术家表现的是它的萌芽阶段，即世界上最大的一颗种子发芽了；而索索特小姐天真无邪地抚摸着它的后臀。看着她极其耐心地用鸡毛掸子精心擦试那肿胀的阴茎芽，我和萝拉"扑哧"一下笑出声，而索索特小姐并未因我们无来由的嬉笑而动怒。

# 十八

　　这就是我在植物标本馆里的生活状态，总会遇到一些意料之外又错综复杂的滑稽场景。对其中的工作人员来说，那些超出一般尺寸的样本很难摆弄。我有时候会胡思乱想，一位不知情的外人看见科学家们拖着棺材模样的箱子会有什么反应，一旦得知里面装的不过是马达加斯加棕榈树的树桩，他便可放下心来。

　　夜晚，办公室里的人都走了，我和萝拉就去扫荡果实收藏馆，那里储存着果子和种子。看到那些巨大的棕榈佛焰苞，我们想象着亚马逊雨林中的孩子就坐在这些树干中心的凹陷处。在那边静静流淌的河流中央，他们用这些苞状物当作小舟。我们凝视着榼藤子属（*Entada*）的豆荚，没完没了地讨论着，想要一起重建一个更加绿色更加丰富多彩的世界。时间过得很快，似乎不管你是谁，只要坐在里面，植物标本馆就能让你慢下来。因为一旦接触到那些年久易碎的标本捆，就可以忘记一切，忘记时间。等我们抬起头来时，黑夜已经降临，我们慌忙抬脚快步穿过笼罩在黑暗中的植物园。

# 十九

　　似乎有些人一生都看不见时间的流逝。他们窝居在这些过道里，沉浸在他们曾经在远方探索的记忆中。这些人是没有年龄的，换句话说，他们活到很老。

　　这些老人是我们的兄长，我、萝拉，还有那些在植物标本馆中寻找机会的学生的兄长。从达尔文开始，所有的研究都转向了进化树，树的分支代表地球上的一切生物，从最古老的种群（包括蕨类植物、苔藓植物和针叶树类）到最近的种群（被子植物）。植物标本馆中的实习生和博士生们尽最大努力去细化这棵巨树的某个科属在树枝上的定位。

　　由于没有一座足够大的普通图书馆来收藏所有的文献资料，这些资料当时便分散在各层入口的大玻璃柜中。从外面看得见它们，但想翻看的话，就需要用钥匙打开橱窗，为此我们不得不一个办公室一个办公室地跑。我们找的是艾莫南先生，他赶快把我们引见给快乐的"牢骚鬼"吉约梅<sup>①</sup>，后者刚把钥匙袋交给一位女学生，可他记不得她的名字了，只知道她在研究巴西的兰科植物。这样我们就认识了。

从马克萨斯群岛到新西兰，自然博物馆的老人们四处奔波，把看见的一切都采集回来。他们通常不是牢骚满腹就是沉默寡言，更习惯与标本对话，而不是跟人类聊天。有一个故事可以让我们原谅他们。听说科纳<sup>②</sup>曾在班科森林里与巨型桃花心木树和大象一起度过了一个夜晚，吃着他干瘪的黄油火腿面包。十年之后，有人在马来西亚的两个标本之间发现了这个带有哈喇味的干瘪东西。

这些老人和他们消失的世界，我觉得非常神奇。因为有了他们，植物标本馆才有了这样美妙的时空，仍然拥有19世纪的现实。那是怀表和脱氧核糖核酸共存的年代，知识是横向的，访客操着不同的语言相互交流。老人们知晓一切答案，无论当地情况多么混乱不堪，他们都了如指掌；在某种程度上，这种混乱也是由他们引起的，包括各种补充和遗漏，把一次次的采集物存储在办公室角落里。

生于1914年的朱尔-欧仁·维达尔<sup>③</sup>，是个小个子法国人，圆圆的眼睛上戴着一副瓶底厚的眼镜，从很远就能听见他的拐

---

① Jean-Louis Guillaumet：让-路易·吉约梅（1934—2018），法国植物学家。
② E. J. H. Corner：科纳（1906—1996），英国植物学家。
③ Jules-Eugène Vidal：朱尔-欧仁·维达尔（1914—2020），法国植物学家。

杖声。维达尔是所有人当中最健谈的。他是印度支那植物群专家，可以向任何一个人夸耀那里植被的茂盛。91岁高龄时，先生的背驼了，但仍然生机勃勃，和以他的名字命名的越南比氏棕竹（*Rhapis vidalii* Aver., T. H. Nguyen & P. K. Loc.）一样生意盎然，了解他的人将其称作"维达尔棕竹"（Rhapis de Vidal）。

生于1922年的莫里斯·施密德[①]是个人物，这个施密德既代表了古老的法国，也永远迈着年轻的步伐。他拥有非凡的记忆力，足迹遍布非洲和亚洲，他在象牙海岸度过了青年时期，最终在新加里多尼亚结束其职业生涯。谈起长在沙滩上的山樟（*Dryobalanops*）森林，他可以滔滔不绝。但这样的印度支那生态系统已经近乎消失，成了传说。

值得一提的是生于1934年的艾莫南先生。植物标本馆就是他的地盘，他一年364天是在里面度过的，办公室里贴满了马达加斯加的照片，照片上是芒地那森林或是陶拉纳鲁的片麻岩。他初到植物标本馆时是实习生，那时候实验课还叫做"实物课"。之后他一步一步走到了今天。他一直独身，我想也许他年纪轻轻就成了鳏夫，因此植物就是他的全部世界。他的知识是综合性的，即普世的、百科的。听他一席话，会觉得他把整个地球上生长的所有东西都记在脑子里了。

---

① Maurice Schmid：莫里斯·施密德（1922—2018），法国植物学家。

# 二十

　　艾莫南先生就是植物标本馆的论文，至少萝拉是这么告诉我的。他是一位老式植物学家，身穿背带裤、马甲，戴豌豆——与豆科（Fabacées）同种的圆点领带。就这个话题，他能跟您谈上半天，还会跑到一大摞书的上面取出《法国植被》中的一卷。不管是书中的某一页，还是在他的记忆中，山地绒毛花（*Anthyllis montana* L.）一直在生长，同拉沙佩勒圣于尔桑[1]的岩石里冒出的茎杆一样，淡紫色，长满绒毛。

　　艾莫南先生四处采集植物，森林里，路边，草地上，街上，墙缝里，随便什么地方。他带着一大把刚采摘的新鲜植物回到标本馆，放在楼道中央的桌子上让人做鉴定，最后总是由他一锤定音。在朱西厄冰冷塑像的权威之下质问：你是谁？一朵带锯齿缘的叶片、黄色的小合瓣花。

---

① La Chapelle Saint-Ursin：拉沙佩勒圣于尔桑，法国谢尔省市镇。

热拉尔-居伊·艾莫南把挚爱全部献给了标本馆，对植物标本馆的任何批评都会让他大发雷霆。不对！标本馆不是博物馆式的狗窝。还有人说，在这里只能偶尔看到杰作。好像为了证明这一点，标本馆似乎是不慌不忙地走过了这些年，不管窗户如何老旧，门框如何过时，却经历了几多风雨，见证了世事变迁。似乎艾莫南先生确实见过普瓦夫尔、拉马克、图内福尔和其他植物学家。由于不懈地工作，他都快成笔迹学专家了。艾莫南先生了解他们的笔迹，也知道他们的习惯性动作，他们的嗜好，他们大大小小的苦恼。只需一眼，他就能够识别出标本，分辨出德利勒①博士难以辨认的文字——就是那位在埃及战役中跟随在拿破仑身旁的植物学家，还能辨认新手阿当松的潦草笔迹。

在博物馆他的工作室里，办公桌上有一摞书，上面放着两个玻璃瓶，一个里面装满了可替换的塑料接头（给拐杖用的），另一个装满了找不到锁孔的钥匙。在这些乱七八糟的东西上面排列着一些他在整个职业生涯中建立的档案盒，其中植物学、植物学历史、植物收藏都可以按字母顺序查寻。每个字母都对应着好几种情况。比如说M里面的马尼奥尔②，如今谁还记得这

① Alire Raffeneau-Delile：阿利尔·拉弗诺-德利勒（1778—1850），法国植物学家。
② Pierre Magnol：皮埃尔·马尼奥尔（1638—1715），法国植物学家。

位植物学家？而木兰属植物（magnolia）正是用他的名字命名的。是啊，这位蒙彼利埃植物园的总管确实有着桀骜不驯的性格，尤其是在宗教战争期间，让他公开放弃新教信仰时，他的性格更是表露无遗！马尼奥尔，他是第一个感觉植物之间有同源关联的人，是人类的家族概念让他联想到这一层，植物学囊括了一切植物的相似特征。另外，说起家族，植物学称作科，GGA 号货架后面的盒子对应的是肉豆蔻科。肉豆蔻科？这种树的家族有常绿的树叶、香腺与红色的汁液，最有代表性的是肉豆蔻树（muscadier），这是另一组有关联的巨大卷宗。一提起这种树，艾莫南先生就心花怒放。您这就跟着他跑起来吧，嘚哒，嘚哒，跟随传教士皮埃尔·普瓦夫尔的脚步。普瓦夫尔是命中注定的植物学家，香料交易或是香料行业的关键人物，当年人们就是这么称呼他的。那是在阿当松之前的 7 年，普瓦夫尔在海边乘坐一艘东印度公司的商船，沿着既定的航线驶向非洲、亚洲，前往中国广东——18 世纪的商业平台。

# 二十一

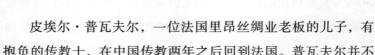

　　皮埃尔·普瓦夫尔，一位法国里昂丝绸业老板的儿子，有抱负的传教士，在中国传教两年之后回到法国。普瓦夫尔并不着急回巴黎，一旦回来就彻底回到秩序中，会令他惊惶失措。假如上帝存在，他会听到年轻人的请求。当时他乘坐的那艘船经过苏门答腊海，有两艘英国船在班卡海峡追上了他们。正如我们在电影里看到的海盗船，没头没脑地，人就被从船上扔了出去，一时间炮声四起。普瓦夫尔在甲板上跑着，结果被一只铁链拴住了手腕。他在船舱里被关了24个小时，坏疽病腐蚀了年轻人的整个手臂。失去了右手，这个年轻人不再能够去教堂祝圣。1745年2月，独臂的皮埃尔·普瓦夫尔失业了，他来到巴达维亚<sup>①</sup>，当时那里成为由荷兰人控制的印尼大商行。

　　巴达维亚就是未来的雅加达，荷属东印度首都，称不上适

---

① Batavia：巴达维亚，雅加达旧城，印尼雅加达的一个区域。

宜居住的小村落，这里的麝香气味和怀疑的气氛令人窒息。当
时香料贸易迅猛发展，肉豆蔻和丁香都属于最稀有和最令人垂
涎的商品，因为它们只在亚洲摩鹿加群岛上生长，而所有的生
产都集中在巴达维亚。各大强国轮流去霸占这些远方岛屿的财
富，他们在荒芜的海滩和热带雨林中实行铁腕统治。后来荷兰
人从葡萄牙人手中抢走了摩鹿加群岛，通过荷兰东印度公司垄
断了肉豆蔻生产。换句话说，他们囤积居奇，抬高价格，让别
人无法竞争。殖民者将香料连根拔起，只在那些易于控制的岛
屿上保留种植，然后奴役或灭绝岛上的居民。 他们筑起堡垒，
在仓库附近安置巡逻队。所有没有运到欧洲的货物全部被销毁
或扔进海里；运输之前，所有的干果都被浸泡在海水和生蚝壳
的石灰中，以阻止再次种植。所有试图去偷香料的人都被就地
绞死。只有肚子里塞满肉桂的皇鸠可以逃出生天，因为在摩鹿
加群岛，连鸽子都知道香料好吃。总之，没人能把可发芽的肉
豆蔻带出这片岛屿。

　　精疲力竭和情绪低落的普瓦夫尔并不特别怕荷兰政府从中
作梗。在四个月的休养期中，年轻人有足够的时间去调查了解
周围的香料种植情况。波罗艾[①]是一个方圆一公里的小岛，他注

---

① Poulo-Aï：波罗艾，现印尼班达群岛。

意到，这里能够生长的肉豆蔻可以满足整个地球的需要。整个群岛地广人稀，完全不受大兵的监视。普瓦夫尔悄悄踏上其中一个岛，他得出结论，这里很有可能找到大量的肉豆蔻树和丁香树，这样他就可以轻易地在巴达维亚人的眼皮底下偷些树种回去，前提当然是得找到能让它们继续生长繁殖的地方。当时的法国殖民地法兰西岛，即现在的毛里求斯岛最理想。那里正好处于欧亚大陆之间，是所有船只都要停靠的地方。普瓦夫尔一回到巴黎，就向印度公司提出了他的计划。

说起来容易做起来难。在南部海域里长时间航行对人和植物来说都是致命的。堆放在船底的种子因受潮而腐烂，而放在甲板上用沥青封起来的大木箱中的植物因为缺乏空气流通而干瘪。因此，普瓦夫尔必须在东南亚不同的国家之间航行多次才能达到他的目的。

普瓦夫尔在第一次远征马尼拉的过程中，20多株植物只有5株存活下来。为了通过检验，传说这位植物学家把东西藏在大衣的夹层中，结果仍是彻底失败。他把植物种在毛里求斯岛上之后，奇怪的是，它们无一存活，叶片干瘪而变成褐色。有人在半夜三更看见那位奥布莱①先生在离家1古里②远的肉豆蔻树

① Jean Baptiste Christian Fusée-Aublet：让·巴蒂斯特·克里斯蒂安·菲西–奥布莱（1723—1778），法国药学家、植物学家和探险家。
② 法国1古里，相当于4公里。

下，因此他成为嫌疑人。没有更多的证据，人们指控他用开水烫死了树，因为对手的成功使他产生了病态的嫉妒心理。

直至今天，历史学家在抖落这件事时，灰尘里仍有许多令人迷惑不解的地方。最可能的情况是，普瓦夫尔所种的植物在搬下船时就已经死掉了，它们没能适应新的环境，那里离它们的原生环境还要往南15个经度。普瓦夫尔把失败的责任推到菲西-奥布莱身上，随后谣言四起，两人耿耿于怀，进而引发争吵，甚至在王室往来信件中都能够看到这件事的发酵。普瓦夫尔的恶意中伤对奥布莱名声的破坏是持久的，直到20多年后，奥布莱还在为他背叛祖国的恶名而辩护。庞波慕斯植物园的负责人为普瓦夫尔的失败付出了巨大的代价，印度公司总共支付了50万英镑。

经过25年的努力和多次远征，在带回的上千个肉豆蔻中，只有三十几个终于在庞波慕斯植物园里发芽了。这种树一般要种植6到7年之后才算成熟，最早的肉豆蔻在1778年才结果，也即最初探险的30年之后。后来，肉豆蔻的种植在法属圭亚那延续下去，那里的气候更适合这种植物的生长。在此期间，普瓦夫尔荣归故里，在里昂附近的拉费雷塔，远离热带地区和马斯克林群岛，在亲人身边永远闭上了双眼。

艾莫南先生手持小玻璃瓶结束了他的写作，用他满是皱纹的手指着香味的来源——三个开裂的干果，比杏核稍大一点儿：那是毛里求斯岛的肉豆蔻，强盗皮埃尔·普瓦夫尔的礼物。

　　神秘的肉豆蔻，它的种核外面裹着一条紫色的带子，那是肉质化的假种皮。这便是艾莫南先生刚刚给我讲述的海上探宝故事。这个博物馆的小瓶子散发出少许陈旧的气味，从来没有一种味道让我产生如此多彩的梦幻。

# 二十二

　　阿当松和普瓦夫尔分别代表着一枚奖章的正反面：反面，遗忘；正面，博物学家的荣耀。两人有过同样的生活轨迹，都是从教会转而走向一条充满风险、灾难、狂热和自然历史的路。印度公司给予他们每人一次机会，其中一个厄运当头，另一个大发横财。阿当松讨厌商人的贪婪，普瓦夫尔则从中获利。两位男士先后展开了对胚芽的偷盗。在1750年那个时候，这相当于在冷战最严酷的时候去偷窃核密码。他们应该只相遇过一次，很可能是为了谈论香料的事。当时，普瓦夫尔在前往摩鹿加群岛的途中在塞内加尔停留，好跟"非洲人"阿当松见上一面。令人非常遗憾的是，他们这次见面没有留下任何痕迹。我只能想象一下这两位植物猎人在一间阴暗的地下室里，脚下铺着地球平面图，人手一杯棕榈酒，不无得意地策划着。阿当松简陋的计划——从英国人手里弄些橡胶树，最终被封存在箱底，而他的同行普瓦夫尔则成功地做了一次18世纪的盗贼，从荷兰人手中抢到了香料。

另外，这两位博物学者有一个共同的敌视者，他们都恨极了蟑螂式的人物菲西－奥布莱，庞波慕斯植物园的负责人。普瓦夫尔公开指责奥布莱破坏了他培育的植物，而菲西—奥布莱则指控阿当松剽窃了他的标本集——这对一名博物学家来说，应该是最极端的侮辱了。

# 二十三

　　当旅行家们的文字赞赏着庞波慕斯植物园里的植物群时，在这个由来自世界各地的600棵友善的大树和树丛组成的小小世界里，争风吃醋的事件层出不穷。尽管有人诋毁菲西-奥布莱，但路易十六欣赏他；普瓦夫尔也有拥趸，还受到路易十五的青睐。或者正好是相反的情况。有一件事是肯定的，如果说海洋上的争论算是炮声隆隆，那么自然科学内部静悄悄和恶性的争执也并非温情脉脉。在巴黎，众人围着御花园的管理员企望博得他的好感；有人偷窃植物标本，抢先发表文章；阿当松看到布丰[①]身患重病时窃喜不已，而布丰病愈后干脆把他排斥在外；拉马克，因与朱西厄的侄子关系紧张，眼睁睁地看着别人霸占着生物分类基础的讲台，不得已去讲解那些可憎的昆虫与蠕虫。

---

[①] Buffon：布丰（1707—1788），法国自然学家、数学家、生物学家、天文学家、哲学家和作家。1739年，被任命为巴黎御花园管理员。

之后，拉马克骑士出了个坏主意，即反对对业余爱好者居维叶[①]的任命，随即引发了一场残酷的竞争。居维叶不断地嘲讽骑士的理论，说拉马克的眼睛因长期看显微镜而遭受损坏，在黑暗中什么也看不见，成为学术界和拿破仑的笑柄。这位对手甚至在葬礼悼词中还在抨击拉马克。

我觉得，在那个时代，唯一从这场嫉妒大战中安然脱身的是图内福尔。他不喜欢跟人干仗，除非是为了采集植物。为了名誉，他更愿意独善其身，更喜欢散步消遣。

图内福尔爬过阿尔卑斯山和比利牛斯山。有一次在他睡觉的时候，小茅屋顶上的石头滚落在他身上。他还爬过枫丹白露湿滑的山石以丰富他的"苔藓标本"；他在寒冷的冬天攀爬阿勒山[②]，受到过老虎的威胁；他爬上奥林波斯山[③]传说中的侧峰，上面开满了黑嚏根草（hellébore noire）花；他甚至跑到太阳王的宫殿里。他的逃课反而促成了他的成功，这位调皮的耶稣会学生通过在路边采集植物标本，在这世上开辟出一条路来。他出身于破落的新兴贵族家庭，有七个兄弟两个姐妹；对本来应该

---

[①] Georges Cuvier：乔治斯·居维叶（1769—1832），法国博物学家、比较解剖学家和动物学家。

[②] Mont Ararat：阿勒山，坐落在土耳其厄德尔省的东北边界附近，为土耳其最高峰。

[③] Mont Olympe：奥林波斯山，位于爱琴海塞尔迈湾北岸，是希腊最高的山。

听命行事的他来说，这不是件小事。国王御医法贡[①]震惊于这位年轻乡下人的学识，便将他收在门下。后来，太阳王派他去探索法国以东地区国家。国王投入的资金和王族的兴趣让这次探险变成一桩国家大事。图内福尔从海上一直走到奥斯曼帝国，带回来一个未知的植物群，这可是无与伦比的荣耀。图内福尔回来后，婉辞了在皇室当御医的职责，因为不会流血也不会感到疼痛的植物可是比君王更好对付的病人。

---

① Guy-Crescent Fagon：居伊-克雷桑·法贡（1638—1718），法国皇室御医。

## 三十四

　　抖落着植物标本里面的树叶，唤醒了我对这些伟大人物沉睡已久的回忆，因而在保护和整理与他们相关的植物时似乎更加小心翼翼了。可能是因为植物标本见证了这些植物科学人物的日常生活，他们采集的样本、采集的日期，在在都描述着一个人的一生。而我们也确实在乎这一切，这张熟悉的纸，这些随着季节变迁与花卉开放所描述的存在。另外，也许正是因为这一切，我才如此难于写作这本书，甚至不知从哪里下笔。每看到一株植物，我都能找到对应的一位植物学家，不知该从哪里开始叙述，先讲人，还是先讲植物。

　　如果非要选择一位的话，我会讲讲那个让我起飞的回忆，就放在拉马克标本集中十字花科（Brassicacée）旁边。拉马克骑士没有图内福尔那么悠闲，他一丝不苟的刻板注定让他吃尽苦头。当然，他的《法国植物志》着实给他带来一抹光彩，那是在法国大革命还没毁坏王室御花园之前再版了好几次的畅销书。

得益于他对物种的鉴定，拉马克让植物学家喻户晓，他这项壮举博得了全巴黎头面人物的好感。当人们谈论植物学时，常常会联想到异国情调和殖民地；其实光鲜的背后，这个植物学是与大型探险活动分不开的。在启蒙时代，知道如何区分植物是时尚，植物标本的迅速增加与植物园的层出不穷证实了这一学科的生命力。车前草同这位科学家一起出了名，自然历史在此阶段发展得如火如荼。拉马克便是这些伟大人物中的一位，他是一位先驱，因为他的思想总是超前，后代没有记住这些思想。在气象学方面，是他最早建立了云的类型学。他的错误在于他是用法语命名的，被一位英国人卢克·霍华德①抢了先，霍华德更为注重效率而非浪漫的诗句，用"积雨云"（cumulonimbus）而非"球状云朵"（pommeles）来命名。

拉马克在50岁时正式进入王室御花园，但只能研究昆虫和蠕虫。这个限制反而让拉马克对无脊椎动物展开研究，在达尔文之前提出了另一种进化理论，即物种变化论。但刚刚戴上皇冠的拿破仑十分看不起拉马克的气象学，他的同时代人虽然无法辩驳他的思想，却同拿破仑一样根本不屑于承认他的才干。拉马克生前遭受过无数鄙视的目光。而我认为，尽管他是自然历史学科中最没运气的人，但这样的厄运并没有出现在他的标

① Luke Howard：卢克·霍华德（1772—1864），19世纪英国制药学家，业余气象学家。

本集中，从他细腻的文字中可以看到不断显现的快乐心情。在一棵油菜标本旁边他细心地描述道："从我的小鸟笼子里掉到罐中的一粒种子。"在这一时刻，皇家侍从拉马克成了一位伟大的科学家，他喜欢室内植物和燕雀的歌声，在他坐落在让蒂伊小街的房子里就能听到鸟儿的鸣叫。这座小房子里住着四个孩子和罗莎丽，他的妻子，而远方正在发生法国大革命。御花园很快便消失了，国家自然历史博物馆万岁！拉马克在里面担任植物标本集看守，但已经有人质疑他这个职位的实用性。拉马克有点担心，之后与世纪混乱划清了界线，转而去研究毫不起眼的十字花科植物。在与行政部门打交道的过程中，我脑中常常有种挥之不去的意识：拉马克骑士总在什么地方提醒我去给暖气上的秋海棠浇浇水。

# 二十五

在我摆弄的文件堆中，当然会有很多没用的、枯萎的和丑陋的小碎片。不是所有的人都会有莱昂·梅屈兰那样的才华，他是邮政局电信系统的监察员，集各种才能于一身。这位邮政官员向来不重视自己发明的保护色彩法，像是塞尚的风景画所展现的花卉调色板，他只是不想让花儿凋谢。花儿一旦干枯，便失去颜色，了无生趣。植物学家用眼睛观察，想象这些植物本来的模样。梅屈兰的插图像油画一样。如果您不相信，可以去网上看看，所有的插图都已经过数字化扫描，绚丽多彩，花瓣排列在花梗周围，花色完美无暇。报春花穿上金黄色的盛装，蜀葵花拥有娃娃花瓣。梅屈兰把它们固定在一张长方形的硬纸片上，于是它们不再起皱，像是前一天刚刚压制的。18世纪，植物学家们把采摘下的植物浸入用有毒蒸汽，熏蒸，或者浸入含有汞和砷的混合液中，试图阻止它们老化，也可以达到驱虫的目的。因此许多收藏的花是有毒的，接触时一定要多加小心，最好戴上手套。即便如此，也没能阻止花儿干瘪的命运。样本这东西就像人一样，也会老去。但梅屈兰在法国南方做过艰难的徒步旅行，没有问过任何人，却找到了永葆青春的秘诀。去世之前，他小心翼翼地把自己五颜六色的收藏委托给植物标本馆，让巴黎的同事们欣羡不已。他到底是怎样做到的？没人知晓。

# 二十六

　　随着我不断阅读无数个标本中的细节，植物标本馆的人物便鲜活起来，他们引领我走进青翠的穹顶下，令我回忆起儿时的情景。年轻时的萝拉喜欢在丛林中奔跑，所以这些叙述也能引起她的共鸣。可惜的是，后代印象中只留下男性形象。当同僚得意地向她提起那位永恒的让娜·巴雷[①]时，她只是摇摇头。巴雷是唯一一位女性植物学探险家，当年她不得不剪掉头发，束紧前胸，女扮男妆地跟随科默松同行。从前是禁止女人登船的，妓女和家属除外，只有这种追随男人的"女人"才能跟随追踪植物的男人同行。弗朗索瓦丝·罗班是普瓦夫尔的太太，庞波慕斯植物园的女主人，她在环绕非洲的航行途中怀有身孕，甚至最早批评了奴隶制，这些都没人注意到。后来畅销书《保罗和维尔吉妮》的作者追求她无果，就把她放在书中以女主人

---

① Jeanne Barret：让娜·巴雷（1740—1807），法国探险家、植物学家。

公的形象出现。在书的末尾，维尔吉妮死于海难。在现实生活中，弗朗索瓦丝结了两次婚，一直漂泊到美国，以90多岁的高龄去世。萝拉呢，则不满足于驻留在安全地带。我曾看见她红光满面地从法属圭亚那归来，身上全是胡乱抓过的肿疱。她不愿意去药店买药，更不屑于看医生，她不觉得医生能做什么，因为他们从没去过森林。她就是那个最佳人选，为那些被斐济岛密林所吸引、想去探险的孩子们打开一条通道。

我们两人有着共同的担忧，即万一在职位有限的植物领域中无法占据一席之地，总有一天我们对植物的热爱会枯萎，我们的志向会凋零。

# 二十七

我是在楼道里撞上了那位近视的研究人员，是他最终给予我在植物标本馆工作的机会。他比我还保守，没人知道"山羊"是谁。在电梯中用胶带纸贴上的人物肖像中，他的肖像完全被淹没了。"山羊"这个绰号是因为他在40年中熟练地攀登了波利尼西亚的所有火山，但"山羊"并没有因此而容易被驯服。他慷慨而腼腆，喜欢办公室的暗色调，室内有盏光线摇曳不定的台灯，他就定格在旁边的椅子上。

这里尽管光线昏暗，但仍能发出善意的光芒。"山羊"乐于助人，因此不断受到干扰，总有同事和学生来找他。只要有人在描述或是命名法则的某个细节上碰了钉子，他就知道该找谁解决问题，当然是"山羊"，他是大家的救星。萝拉的环花草科经常性地回到他的办公桌上，原因是：这个不为人知的花科会长出丝状花序，从而给描述造成困难。它的花序长得一团糟，就像是蓬乱的中国面条。一天晚上，面对一株拥有二分叶的漂亮叠苞草属（*Thoracocarpus*）的标本，萝拉实在精疲力竭，不得不放弃。如何描述覆盖了中轴的柔软顶蓬呢？"山羊"不仅了解所有的太平洋植物，还总是乐于助人，最终让我受益匪浅。

动物不是唯一拥有毛发的生物。在双目放大镜下，看得出有些植物表面长着蓬乱松散的毛。我说的这位植物学家是世界级毛发专家，因为高度近视，他只能近距离地观察那些标本。不管您拿来的是一朵风仙花还是一株荨麻草，他都得把头凑近叶片，把眼睛贴近叶柄，然后告诉您他看到一些柔软的细毛或者一个微小突起上的一小撮绿毛。至于他如何处理萝拉的叠苞草属，来听听他是怎样描述的吧。"山羊"小心翼翼地拿起那束佛焰花序：蓬乱疏松，呈放射状，瘤状突起物。我和萝拉赶快记下这些描述。他可以把毛发形容成小球状或鳞片状，盾状，钩状，纺锤状或抓钩状，星斗状——是的，星斗状！还有流苏状、腺状、刺状、乳状或是触毛状……这些词汇确实有些古怪，而且在阴暗冬季的这间办公室里，它们在我脑海中激发出千奇百怪的景象，有如中世纪的斗兽士。

"山羊"注意到我有兴趣，于是把我召到他的麾下，交给我第一批任务，还给了个小地盘——我的第一张办公桌，就在他旁边。

我得到的第一个任务是把所有大型热带树木的标本拿出来

分类，有木棉科（Bombacacées）、猴面包树科（baobab）等，猴面包树是阿当松曾经研究过的。在打开一宗档案材料之前，我永远不知道里面等待我的是什么。那是一大团杂乱无章的棕色蒴果和宽大的棕榈树叶，还有烟黑色的图案，上面覆盖着积攒了几十年的厚重灰尘，必须使劲擦拭才能看清标签上写的什么。旁边是数不清的未经识别的采集残留物，还有许多硕大的含有丝滑果肉的果实，它们遇到空气就爆裂成白雾，在我手中留下一点热带地区的"白雪"。

# 二十八

　　直至那时，我仍完全不了解植物标本馆中风干植物的历史威力。我喜欢四处窥探，去打开一扇扇门，只是为了好奇地取出一堆发黄的纸片。有一次我回到"山羊"的办公室，正好撞见他在大声嘟囔着什么，看样子很兴奋，他手里拿着一片叶子直起身来激动地说："传记作家们全弄错了！我刚刚发现，科默松是1768年10月离开普拉兰港①的！我有证据，因为他9月在巴塔维亚采集了这株黑牡丹的标本！"

　　还没等"山羊"重新弯下身去查看面前的一堆杂物，我就感到一阵头晕目眩，手中拿的一摞纸重若千斤。我刚来时，这座纸张与植物的巴别塔还显得那么超越时空，此时突然间我豁然开朗。世界的记忆，也是这些成千上万的风干植物，散发出香气的每一个花瓣、每一片托叶都见证着科学的点滴进步或是文明之间的第一次接触，无论好坏。随着多个世纪人们简单的

---

① Port Praslin：普拉兰港，普拉兰岛为塞舌尔第二大岛。

采集和不断压制的行为，现在植物标本馆已经变成一台可以穿越时光的机器。我真想把自己的这份激情跟周围所有的人分享，但最终只是又一次去敲萝拉的门。她没太在意我激情的倾诉，手中不停地分拣着，这种活儿看不到头。标本馆正在为最后的蜕变做准备，即对所有的采集物进行大规模的整理。我们将鸟枪换炮，从19世纪直接跳到21世纪。

APG 3，这个神秘的缩写像是给一台宇宙探测器命名。正是这三个字母和一个数字，让植物标本馆经历了一场前所未有的震荡。然而这一切不过是博物馆内的收藏品原地搬家。原先的分类已经过时，要同科学与时俱进。

直到20世纪末，植物学家们一直根据植物的形态和外貌进行识别、分类，并尝试将它们归入物种历史。最实用的工具就是眼睛、知识、显微镜和记忆。放大镜可以帮助甄别植物的生长器官（叶片、叶芽、托叶）和生殖器官（雄蕊群和雌蕊群，雄蕊和雌蕊，柱头和花药，蓇葖和长荚）。整理这些收藏品使用的是杜朗索引，根据他那个年代的知识，迪奥菲尔·杜朗[1]思索出一套系统，用一长串数字把植物家族登记入册。

这位杜朗先生想不到的是，1953年，也就是在他去世40多年之后，一项发明将完全打乱他的数字。1953年4月25日，

---

[1] Théophile Durand：迪奥菲尔·杜朗（1855—1912），比利时植物学家。

詹姆斯·沃森[1]与弗朗西斯·克里克[2]（需要提醒的是，罗莎琳德·富兰克林[3]在其中也起了相当的作用，却像许多其他女性科学家一样被遗忘了）共同发现了脱氧核糖核酸（DNA）结构。几十年间，人们对植物进化的了解因双螺旋构造携带的信息彻底改变了。也就是说，除了形态方面的研究，还要加上另一个信息源，即脱氧核糖核酸。尽管如此，它并不能代替肉眼的观察，只是对其有所补充。现代的植物系统分类学在植物学界有共识，植物学选取不同的多个信息源进行分类。有时两种来源，即来自形态与分子的信息是相符的，在这种情况下，没有什么需要改变；有时两种信息来源有冲突，在这种情况下便需要裁决。APG 3，即被子植物三分类系统（《Angiosperm Phylogeny Group 3$^e$ édition》）便来自上述步骤的分类系统。

在植物标本馆中，杜朗索引不是唯一被淘汰的方法。随着时间的演变，收集植物标本的任务也在改变。这里不再仅仅是描述不同种类植物的收藏柜，也是让我们更好地理解植物演变及其在地球表面分布机制的场所。我们的先驱从没听说过基因组这个概念，因此他们的工作主要是描述植物与繁殖种群。从

---

① James Watson：詹姆斯·沃森（1928—　），美国分子生物学家。
② Francis Crick：弗朗西斯·克里克（1916—2004），英国生物学家、物理学家和神经科学家。
③ Rosalind Franklin：罗莎琳德·富兰克林（1920—1958），英国物理化学家和晶体学家。

17世纪末开始，植物名录已经普及了，每个城市和每个省份都希望有自己的植物志。而在每个层级上，编写植物志都是可能的，比如巴黎植物志、法国植物志、太平洋植物志或是我办公室的植物志，因为太过混乱，我办公室的植物志已经杳无踪迹。

从逻辑上讲，只有把研究过的某一地区的所有样本都放置在同一楼层，整理收藏品才能达到高效。谁会为了研究越南的植物志而心甘情愿爬上四楼去查看可以找到兰花的安南山采集地点，然后再下到一层去检查越南下龙湾的禾本科颖片？没人会这么干。作为植物志专家，最理想的是能够把要研究的同一地区的所有样本都集中在一起。所以才有迄今为止植物标本馆中采用最多的楼层地理学。这个做法是按楼层分配的，第四层是大洋洲、法国、欧洲和古老的标本，第三层是非洲和马达加斯加，第二层是亚洲和美洲。

但是我们现在已进入21世纪初，很遗憾，编写植物志的工作虽然没有杜朗当年那么紧张，但由于遗传学在人类生活中的出现，需求改变了。即对于研究植物变迁的研究者来说，最好是把在进化论意义上比较接近的植物，而非在地理位置上接近的样本放在一起，这样易于比较它们之间的物种相关性。因此，植物标本的改革提出了新的问题。我们是应该保留自19世纪末遗留下来的传统分类，还是利用这场大变迁去改动植物家族的位置？很快，从杜朗索引转向APG 3将是不可避免的。伟大的迁徙已经开始了。

# 二十九

　　植物标本馆历史悠久，许多架子的最后一次更换无疑是在1935年。这么多年来，金属结构太过老旧，活门磨损，文件柜生锈，成捆的样本表面也因年代久远被绳索捆得凸凹不平。随着岁月的流逝与日积月累，这些满当当的架子上已经有太多的样本在等待分类处理。在森林与博物馆之间，在采集手册与标本图板之间，在考察簿与实验室标签之间，采集开启旅程，而当植物学家到达旅行终点时，不一定能够找到落脚之处。随着探险的深入，其他样本不知从哪里冒了出来，某些已采集的样本便完全没有存在的必要了。

　　再者，大多数多年留下的标本图板已经数次更名，植物学在发展，因此不间断地重新命名植物，以确定其在植物界的地位。萝拉的办公室就在吉约梅的旁边，她对此深有体会。这位探险家因不稳定的植物分类多次暴怒，一个重拳打在自己贴满巴西女郎画的墙上。萝拉常常目睹这种怒火中烧的场景，吓得

不轻。而这所有的怒火都以同一方式结束，她的同事大叫着
"这些疯子植物学家！"冲出办公室，然后跳进电梯跑到楼下去
吸烟。

在整理植物标本馆的过程中，我的工作台上日积月累形成
一堆破烂。这堆东西慢慢堆成小山，我实在无法叫停。也许是
因为这唤起了我少年时代一些令人感动的记忆：在塞内加尔第
一次看到的珍奇屋，干瘪的羚羊角和狒狒舌头里那些胶脂状的
东西，这些都在圣路易市场的蜡制篷布上展示过。我的办公桌
上保留了一部分这类杂物：发亮的豆荚、靛蓝植物、亚洲黄蜂、
省沽油属植物（*Staphylea trifolia* L.）等。尽管不情愿，但各种
果子和凝结物仍以先后到达日期一样一样堆起来，引来同事半
斥责和半好奇的目光。

我记得有一位害羞的安的列斯人，他送给秘书处一个漂亮
的小盒子，里面放着些黑珍珠树（*Majidea zanguebarica* J. Kirk）
的红色蒴果，这种蒴果也叫赞比亚珍珠。除了引人注目的美丽
外表，它在科学上没有太大的价值。这是一种人工养殖树，不
记名采集，也没留下任何说明文档。然而我却认为不留下如此
优美如此精致的东西简直说不过去，所以就把它留在我的办公
桌上。同样，我还留下了查尔斯·赖特[1]的植物标本集中因失误

---

[1] C. Wright：查尔斯·赖特（1811—1885），美国植物学家。

而压扁的黑色小香蕉。

　　但是作为科学收藏品，植物标本馆自此以后只接受植物学家的赠品，所有的采集都必须标明时间和地点，以突显其价值。比如，我们每年会收到一万到一万五千个新样本。那么其他的样本，那些折断和残留的枝叶，那些褪色的照片和带有皱褶的信件如何处理？我还收留了些小容器，小瓶子、火柴盒什么的，都是艾莫南先生舍不得扔掉的东西。其中一个的历史可追溯到第一次世界大战前夜，里面留下了某种蘑菇的浅黄色孢子。不管是在阿当松之前还是之后，自然科学一直缺钱，因此容器不够用，这便导致以低廉价格达到多样化的情形，同时还要及时回收各种容器。

　　今天，一切可以收集的容器都清空了，并被转移到合适的地方。但是在清理这些异国杂物的同时，我认为物品的诗意也被清理掉了，而无疑正是由于这些物品我才来到这个世上最大的植物标本馆的巨大杂物中间。正是这些树叶、香气和历史的纵横交错让我爱不释手。当然，存储条件确实太过陈旧，但植物标本馆也在奢华和混杂中体现其光彩夺目的一面。少一点魔术，多一点严肃，这便是忠实地向后代转递信息的代价所在。

# 三十

这种丰富性是自然历史及其收藏所特有的。

18世纪，启蒙运动席卷巴黎，各类自然科学工作室雨后春笋般涌现。图内福尔的工作促进了王室御花园在整个欧洲的影响。我读过上百遍他去世之后的工作清单册，从里面可以闻到久藏的苦松节油、香熏蜡烛、烧焦的百里香和陈旧的木板香味。夜晚，烛光映在墙上，现出令人不安的阴影。图内福尔工作室中最引人注目的是一株15厘米高的紫色灌木，长在一个破碎的中国陶罐中。这位博物学家把它放在蜥蜴、羽毛饰品、长矛、头骨和水果之间，他那间消失的工作室总是让我向往不已。这样的矮树丛其实都是珊瑚，我羡慕他生活在那个可以随意收集珊瑚的年代。因为今天，这些典型的热带鲜艳色彩——鲜红色、肉粉色或是枯叶色——均在过热的海洋中消失殆尽。

图内福尔被这些灌木状的骨架所蒙蔽，爱不释手，错误地将它们归在植物界中。对他而言，珊瑚就是些石头状的植物，而牡蛎则是肉质植物。在希腊的安提帕罗斯岛上的洞穴里，这位普罗旺斯的博物学家甚至把花椰菜样的钟乳石当成植物的萌芽。他当时想，石头与金属的性质与花的性质类似，花儿最终化成碎片，变成矿物的种子。

辨别这个星球上的创造物从来都不是件容易的事。只是到了18世纪中叶，王室内阁中包罗万象的收藏品才被区分成三个领域：矿物、动物和植物。由此植物标本馆诞生了，虽然省去了美人鱼、陨石和绿宝石什么的干扰，但从不缺稀奇古怪的东西，比如药用油大腹瓶或木糖浆树皮，凡此种种。至于图内福尔的标本集，那可是一个精致的奇迹，它用细线缝制，近乎出自一位裁缝之手。我还记得有一次偶然从中抽出一个样本（*ziziphi argenteo zelanico*, Par. bot.），是大戟属（euphorbe），它的叶子像是用铝箔纸做的，闪闪发光。图内福尔其他的6 000株植物和124捆标本都是这样的。17世纪流行说"干植"，而他更喜欢用"植物标本"这个词，从此人们便以他的说法为准。

随着国家扩张和殖民力量的增长，探险活动层出不穷，各类植物也不断汇集起来。在地球表面上演的寻宝大戏中，对植物的清点工作开始得很早，尽管植物本身不会移动。相较于制作动物标本的繁琐，植物的标本集可随身带走，比如植物的肉根和种子，甚至是带根植物，运输起来也比较方便。几个世纪之后，植物学家用花盆、笼子、杜安箱以及后来出现的了瓦德箱等包装方式，成千上万棵植物漂洋过海，被带到世界各个大陆。

最终仍是要整理这些繁杂的叶绿素，对分类系统的建议多达25个。其中图内福尔方法在很长时间内具有权威性。这位外省人为了感谢太阳王向他的探险队提供资金，撰写出了《植物元素》一书。在众多同类书中，该书脱颖而出，传遍古老的欧洲大陆。图内福尔提出最早的一种植物分类法，即根据植物的花冠形状分成10 146个种。按照这个标准，他让人重新种植了御花园里的花坛。这部著作的成功也得益于书中的插图，画家克洛德·奥布列①用他的画笔将图内福尔的天才展露无遗。将平淡无奇的植物图集画得活灵活现，版画上的花瓣令人赏心悦目。

就在图内福尔去世的前一年，1707年，林奈出生了。

林奈的出生具有划时代的意义，他的论著在自然历史上是一个转折点。林奈协助人们给周围的生物用一种革命性的方法命名，至今我们仍在沿用。在那之前，植物都是用一个很长的拉丁文句子来描述，用了很多复杂的并列修饰语。图内福尔把这个过程系统化了，这让人联想到最早的罗马人说话时上气不接下气的情景，令人忍俊不禁。这种办法，即用五、六、七个

———————

① Claude Aubriet：克洛德·奥布列（1665或1651—1742），法国自然历史画家。

词汇去描述植物，会造成重复和混淆的困境。通过林奈的不懈努力，每种植物的命名最终形成两个词的学名。以北极花为例，拉丁文学名为 *Linnaea borealis* L.。

意思是：

第一个词 *Linnaea* 是属名，聚集了具有相似特点的植物子集。第二个词 *borealis* 指物种及其特征，生长在北半球靠北的针叶树下的蔓生小草本植物，林奈将它们以自己的名字命名作为标志。最后面的 L. 表示描述者，这里是林奈自己。

这样的简洁是非凡的。这种二名法很超前，后来慢慢被整个科学界所接受。林奈在重新划分植物科系的同时还满足了当时人们对植物分类的迷恋，即不再以花冠的形状，而是以雌雄蕊的位置和数量来分类。

不管是图内福尔还是林奈，无论是花冠还是雄蕊，今天谁还在乎这些？表面看来，这个费力的分类法是专家之间争论的结果，然而事实并非如此，科学发现不断地深刻改变着我们对大自然的看法。在20世纪是发现脱氧核糖核酸，在19世纪是达尔文的生物演化论，在18世纪呢？林奈分类法并非无足轻重，它体现了人类的颠覆性视角，带有一点点淫荡，一点点放纵。而生活于伟大的17世纪的放荡者们在闺房中寻欢作乐时，多少双大腿在他们面前张开，他们却视而不见。

1690年年初，莱茵河另一边，鲁道夫·雅各布·卡梅拉留斯①做了一次调查。在蒂宾根②花园的花坛中，这位德国科学家注意到不同的黑莓树上开的花是不一样的，有些形状像是长了很多透明毛发的小洗瓶器，另一些则挂着一簇簇金色的小球。于是他把它们分开来，等待下一个春天。不出所料，青翠的树枝上长出了没有种子的果实，只有果肉和果汁，没有别的。因此卡梅拉留斯做出判断：黑莓树之间如果没有接触，黑莓结出的果实是没有繁殖能力的。卡梅拉留斯最关心的就是植物的性，因为所有的植物都有性。后来人们很快发现，所有的植物都是有性繁殖，与动物的性交有异曲同工之妙。有时需要风、水、蝴蝶去传花授粉，这样黄色的花粉才能进入雌蕊中央从而长成带种子的黑莓。

从此，大自然变得不再纯洁无瑕，花儿——对，就是它们——都是性器官。它们拥有睾丸和阴道，也就是雄蕊和雌蕊，它们的精子就是花粉。在御花园里，这种近乎肉欲的性事先是让人疑窦丛生。图内福尔的反应是耸耸肩，他认为被卡梅拉留斯高度重视的那些淡黄色粉末不过是些硫磺，甚至是植物的排泄物。可是他的学生塞巴斯蒂安·瓦扬③对这位德国人提出的

---

① Rudolf Jakob Camerarius：鲁道夫·雅各布·卡梅拉留斯（1665—1721），德国植物学家。
② Tübingen：蒂宾根，德国巴登-符腾堡州城市。
③ Sébastien Vaillant：塞巴斯蒂安·瓦扬（1669—1722），法国植物学家。

理论更有兴趣，也表现得更加兴奋，他决定在一对开心果树上来证明这件事。此后，雌树被砍断，而雄树优雅的树枝为植物园指出一条小路。这便是科学的转折点：瓦扬从树上采集了一些花粉，然后撒入雌花中，从而在巴黎的盛夏中收获了开心果。1718年，他在王室御花园的一次庆祝会上宣读了他的《有关植物性别的演讲》。他那直白的描述一下子传遍了整个首都，人们惊讶地听到，瓦扬居然把雄蕊描绘成一位阳刚男子。花粉管先是肿胀，然后猛地将精子旋风般释放到空中，贪吃的大肚卵巢接受了这些粉末。太见不得人了，植物学竟然如此无耻，从此花朵不再纯洁无瑕，它们让少女脸红；花茎居然是阳具，让沙龙里植物学家的言语变得猥亵。与此同时，植物志则似乎变成色情图书。他们觉得林奈用他的植物生殖系统美化了色情，将植物的阴道与阴茎变成世界秩序的基础。

# 三十一

　　林奈是在瑞典的史丹布罗霍特①教区出生的，当时大地开满了鲜花。他的回忆录作者据此将这位北极星骑士的生死契合在季节周期循环中，似乎这位自然科学家与他所研究的植物群的关系是与生俱来的。

　　植物学家并不是园丁，其实这样的误解从17世纪便开始了。那时园丁照管、保证植物的生长和生存；相反，植物学家采集植物，观察它们死去以后的形态，以便更好地理解活体的内部结构。这是两种相对且深刻的认知方式，有人肯定最终能够脱颖而出。但与大多数我的同行一样，无论是林奈还是图内福尔，肯定都没有尝试去种植哪怕一棵天竺葵。他们都有各自的园丁去做这些事，而后者肯定很抓狂，因为每当植物系统分类方式发生改变，他们都得重新种植花坛。

---

① Stenbrohult：史丹布罗霍特，位于瑞典斯莫兰（Småland）县。

在林奈所生活的那个世纪，没有人比他更了解大自然：一方面是因为他揭开了植物界神秘的面纱；另一方面是因为他命名了上帝在绿色和谐天堂的创造物，并将其组织得井井有条。像林奈一样，有一定成就的学者很少去从事冒险旅行。他们在离热带雨林危险很远很远的地方，在采集者和研究机构的宏大花园中解构世界。

与阿当松不同，林奈设法博得船舶公司的好感，而且不需要远航，就在荷兰，富有的荷兰银行家、东印度公司经理克利福德①请他去看自己收藏的植物。看到这位年轻人跪在花圃的地上毫无困难地指认各种花，克利福德惊讶极了，于是让这位年轻人为他工作了三年。这期间，林奈刚好创建了一座植物标本馆，完成了一部植物学论著《克利福特园》②。正是在这部著作中，林奈描述了植物的生殖系统。著作的扉页上矗立着哈特营③放大的正立面，几个世纪以来，科学家本人及其资助者通过此书一直注视着读者。画面靠前是小天使们围着一张设计图，上面有四座暖房，拉线修剪的树木，上百公顷的植被，这就是哈特营；画的上方，林奈以阿波罗的形象高举象征知识的火炬，

---

① George Clifford：乔治·克利福德三世（1685—1760），荷兰银行家，荷兰东印度公司董事，酷爱植物和花园。
② *Hortus Cliffortianus*：《克利福特园》，早期植物学文献，出版于1738年。
③ Hartecamp：哈特营，乔治·克利福德三世的消夏别墅。

用腿控制着希腊神那条无知的蛇。亚洲、非洲、美洲像东方三王一样给他带来礼物，其中有一棵是直接种在花盆里的咖啡树；画面的最上方有一尊严肃的半身石雕人像，他就是乔治·克利福德三世，每年他都给哈特营砸上一万两千荷兰金盾。画面上唯一比他高大的是一棵香蕉树。

进入哈特营的暖房，林奈不敢相信自己的眼睛。这位瑞典人看到的是一场盛大的焰火：棕榈树张开一束束绿色的树冠，像是刚刚开放的花朵；暖房中五彩缤纷，有如天空中的流星和彗星，是凤头鹦鹉或蜂鸟在歌唱。

哈特营对北方人来说是一个伟大的奇迹，他们更习惯于寒冷和明亮的光线，而非色彩的爆发。博物学家林奈陶醉其中，只有花园艺术才能让他如此激动。暖房像一个巨大的玻璃气泡汇集着春天的情感，仿佛纳马夸兰①黎明中的橙黄色花浪，隆德②蓝色的清晨与逐浪的海滩，林奈就是在那里完成了他的第一册植物标本。这些黎明，克利福德都想要。在18世纪，有钱就意味着可以整船地从海外运来老虎和菠萝，而巨富则可以对热带雨林的天空呼风唤雨。在那光彩夺目的玻璃顶下，银行家克利福德一手制造了雷雨和晴天。

连香蕉树都拥有它专属的园丁。迪特里希·尼策尔是一位

---

① Namaqualand：纳马夸兰，位于南非和纳米比亚的一个地区。
② Lund：隆德，瑞典南部斯科讷省城市。

德国天才园丁，后来林奈想办法让他去了瑞典乌普萨拉大学。每天，为了给香蕉树上纺锤形的茎叶浇水，耐策尔要爬到5米高的架子上，居高临下给树喷温水，用他强有力的双臂制造出摩鹿加群岛狂风暴雨的效果。

香蕉树在欧洲只开两次花。由于园丁的温水刺激，奇妙的事情再次发生了：在核心部位冒出来一个藕荷色弹头样的东西，把紫色苞片推向光明。花苞长到博物学家的手掌大小，它的保护膜便张开了，苞片裂开，露出许多细小黄色拱形的果实雏形。

这便证明了植物无限慷慨的特性，在与人类相处的过程中，香蕉树长出了肉厚甜美的果实，没有一粒种子可以散播。这件事改变了林奈对《圣经》的看法，因为他永远不乏奇思妙想。这个瑞典人在哈特营逍遥时，一直认为香蕉是天堂里的树。的确，它的阔大树叶可以遮住裸体男人，亚当吃的肯定不是苹果，而是香蕉。于是林奈把它重新命名为大蕉（*Musa paradisiaca* L.）。除了一些现代思想，这位生物组织者以宗教视角看待宇宙。对他而言，地球上的生物数量已经固定不动，不会再增加，上帝制作了一切创造物的外形。那时进化论还不存在，要等到拉马克和达尔文的出现。

1772年，哈特营的温室里淋洒着大滴雨水的同时，在印度南部的孟加拉，季风导致收成不好，粮食种植不得不让位于罂粟。这一次，荷兰东印度公司没有获得财富，财富去了对手英国东印度公司那边，他们把罂粟做成鸦片卖给中国人。但是孟加拉的天气像三岁孩子的脸一样变化无常，引发了一场可怕的饥荒，造成一千万人死亡。吃完野草和树叶之后，人们不得不躲到密林里去苟活。英国东印度公司的股票市值大幅缩水，克利福德银行在进行了买空投机后倒闭；哈特营花园风光不再。香蕉树奇迹般的开花，长尾小鹦鹉的歌声，这一切都在帆船改进成蒸汽巨轮航行之前烟消云散，哈特营彻底消失了。如今，它巨大的温室成为植物标本馆中消失的世界，人们只能在精美的画册上无奈地翻阅着那个年代的旅行记忆。在那些书页中，渐次消失的有：法国大革命中被暴徒洗劫的阿当松普及哲学花园，因香料股份下跌而消失的布罗艾伊香料，以及圣路易因大西洋涨水而被淹没的塞内加尔河边的渔村。

# 三十二

非常令人惊讶的是，我居然打算学习法国蓝色海岸被各种高级别墅包围的热带植物学。温室即便如哈特营那般壮丽，也是有时限的。尼斯东边的雪松别墅里棕榈树温室的玻璃被拿掉了，既随意又心甘情愿。屋顶一打哈欠，一棵巨大的鱼尾葵（*Caryota*）便趁机冒了出来，在地中海上空摇摆着树冠，它肯定很好奇，想看到法国最为壮观的植物收藏。

树顶空筏（Radeau des Cimes）是植物学家弗朗西斯·阿莱[①]发起的，这是科学家们悬置在空中的一个平台，可以观察热带雨林的树冠。有一次，他非常热心地邀请我去参加他们组织的一次出行，如此我才有幸行走在雪松别墅宽阔的石子路上，印象深刻。在前往玛尼耶别墅的小道上，我又看到两边的大叶南洋杉（*Araucaria bidwillii* Hook.）。它原产于澳大利亚，鳞片

---

[①] Francis Hallé：弗朗西斯·阿莱（1938—　），法国植物学家、生物学家和密度学家。

状的树顶弯曲着，似乎在躲避云层。在南方炽热的太阳下，玛尼耶—拉波斯托勒夫人穿着得体的粉色正装，坐在一辆小小的高尔夫球车里，在小道的尽头迎接我们。

雪松别墅是她先生的，朱利安·玛尼耶—拉波斯托勒对植物很痴迷，他还是柑曼怡利口酒①发明人的后代，这位发明人当年买下了比利时国王利奥波德二世雪松别墅的产业。但他的儿子并不满足于在此种植些酸橙树，尽管这些苦涩的橙子与白兰地混合出特殊的香气为整个家族带来了巨大的财富。在雪松别墅14公顷的土地上，玛尼耶-拉波斯托勒的儿子很有耐心地收集了一些稀有的树种，他常常穿着膝盖上沾满泥土的裤子彬彬有礼地接待来访者。那时候，我还没有完全意识到行走在欧洲最美的私人植物收藏中的好运气。由于面积巨大，其收藏的品种数量不很确定，一万五千种？两万种？可惜这都不足以保护这座花园。就在我参观之后不久，这座庄园在被家族继承后，由一家意大利开胃酒大公司买下来。这家公司只对橙子皮感兴趣，嫌花园占地太大，于是寻找买主，却一直没找到。根据美国《人物》杂志的说法，雪松别墅拥有世界上最昂贵的住所。但是，虽然雪松别墅价值连城，金碧辉煌，处于寸土寸金的滨海地带，但对我而言，这座庄园只在植物的收藏方面是无价之

---

① liqueur Grand Marnier：柑曼怡利口酒，1880年路易-亚历山大·玛尼耶-拉波斯托勒在巴黎近郊创建的一款利口酒。

宝，很少有记者提到这一点。这里有最后幸存下来的规模可观的收藏，有从马尔迈松森林①中继承下来的异国植物。痴迷于植物学的约瑟芬皇后在那里建成一座全世界最大的温室，汇集了那个时代探险得来的全部收获。今非夕比，如今这里只剩下几处有价值的收藏，大多数是美国的。在美国，一位收藏家去世后，会创建基金会来长久继续他的事业，因此大西洋彼岸的收藏得以如此持久。如果没有资金来源，尤其是缺乏长远的眼光，这样一种经营方式注定要走向衰败。因为管理一座大花园是毕生的事业，数个世纪的努力，既是收藏家也是园艺家的乐趣所在。雪松别墅的诞生不仅需要很多钱，还需要将植物爱到骨髓里。就在我写作本书的过程中，这座美不胜收的花园已濒临消失的绝境。此间多少人跑遍各大陆，将各种植物慷慨地汇集在一起，在这一方土地上重现了山谷的清凉与荒漠的灼热。

当晚，我们这一小群人跟着弗朗西斯睡在花园的海滩上。第二天太阳升起时，我被一只鹦鹉的叫声惊醒。我睡眼惺忪地从帐篷里伸出头，惊鸿一瞥间，一只黄凤头鹦鹉在空中滑行降落。我被这异国情景震惊了，回头看看弗朗西斯，他快剃好胡须了。植物学家脸上露出会心而平静的笑容，告诉我那不过是一只小动物。

---

① Malmaison：马尔迈松森林，位于法国吕埃-马尔迈松城堡，拿破仑妻子约瑟芬·德·博阿尔内曾在此居住。

# 三十三

由于一场干旱的袭击，克利福德的宏伟收藏没能持续下去；《克利福特园》的扉页则继续颂扬着林奈植物分类系统的成功。自然历史找到了北，那就是在瑞典的乌普萨拉大学。林奈成为全球植物探险活动的汇集地，他的事业达到巅峰。我们可以从扉页上看出，带给他植物的不止一个大陆，那些每周一次的通讯员、报酬甚少的助手、或多或少幸运的探险家都围绕在林奈的星光下。如果能画成画，就是一幅夏日夜晚飞蛾扑火的场面。

林奈酷爱列表，忍不住将此学科分类的想法提出来，与卫理公会阵营作对，而他自己也是其中一名收集人。当年由于旅行者中有一半人回不来，林奈成立了一个庞大的信使联盟，成员都是年轻人，单身，全身心致力于这一事业，他们自称林奈的信徒。

他们当中大部分人籍籍无名，其中有前往沙特阿拉伯半岛探险的福斯科尔[1]，去过日本的桑伯格[2]等。这个自然科学探险者联盟不仅给这位瑞典学者寄去各种标本，更让他声名大振。林奈的信徒们在旅行箱中带着他的二项式命名法和植物生殖系统理论时，也把他的工作传播到全世界，极大地提高了北极星骑士的信誉。林奈在生命的最后时刻描写了大量的树种，在法国本土接近四分之一的分类单元仍然是林奈式的。为了感谢他的那些探险信使，他把他们的名字都编进了植物名中，至少在某一玄参科（Scrophulariacée）或爵床科（Acanthacée）的花瓣中，让人们永久纪念他们。

从小村庄罗斯布特到乌普萨拉大学，林奈的大部分生活是在瑞典度过的。与大多数自然科学家相反，他唯一的一次远行是前往北极圈，一个人走了2 000公里到达广袤的冰天雪地中的拉普兰。斯堪地那维亚的蚊子与热带雨林的蚊子一样，林奈回家的时候已经精疲力竭，脸上被咬得肿胀不堪，因长久在冻水中行走腿上伤痕累累。他说自己快变成拉普兰人了。他讲述的那些古怪故事，给我印象最深的是当地人给驯鹿去势的场面。他描述道，这个手术由两个拉普兰人完成，第一人抓住驯鹿的角，第二人钻到它的胯下，嘴对准生殖器部位，之后就是力气

---

① Peter Forsskål：福斯科尔（1732—1763），瑞典探险家、东方学家和生物学家。
② Carl Peter Thunberg：卡尔·彼得·通贝里（1743—1828），瑞典博物学家。

活儿了：要咬得足够用力以便阻止睾丸中的血液循环，最终使其坏死；又不能使蛮力，否则阴囊会破裂，驯鹿就没命了。

显然我在这则故事中看到了我自己厌恶这类事的经历，所以一直忘不掉。当然，我从未阉割过鹿，倒是给马做过。高中毕业后上预科时，我去一位兽医那里实习，他带我去给一匹脾气暴躁的劣马去势，它一直用后蹄踢马厩。我是第一个拉普兰人，把马的腿掰开，鼻子对着生殖器，好让医生实施手术。先得切开才能摘除睾丸，他的动作准确而快速，那种气味熏得我差点呕出来。夹在双腿之间的桶里终于发出两个沉闷的声音，那匹马以往所有的精力便血腥地落在那个普通的塑料桶里。手术结束后，我双手紧紧握住桶，却无法直视桶的深处。主人的声音终于把我拉出困境，他让我把桶里的东西扔给狗吃："它们吃了会遭天谴的。"

我把那两团肉扔进狗窝，从此以后，我便只对植物感兴趣。

# 三十四

　　林奈在他的有生之年一共描述了6 200种植物，自18世纪以来，这个数字被他的继任者们翻了60倍不止。确实很多，但仍不够。按照我同行们的估计，整个生物界的百分之九十仍有待发现，而且要快。第六波生物灭绝潮加速了它们的消失，科学家们还没来得及去命名，物种便不见踪影。我们没命地狂奔，最终不得不玩命冲刺。我迫不及待地要加入其中，但也知道这是一项长期的工作。因为首先我需要拿到博士学位，这是成为研究者的必经之路。但自林奈以来，对植物提出的疑问已经有所改变；的确，自18世纪以来植物标本技术并未改变多少，但其他方面，生物科学只能靠遗传学和DNA条形码来完成。在植物标本馆中，艾莫南先生组织的那些鉴定已成为绝响，在实验室里工作的人们既没有时间也没有经费。尽管顶尖的科学家一直在呼吁更新生物分类学，但老式博物学家是正在消失的稀缺资源，他们不仅可以辨认出一株植物，还可以解释其生态与生存方式。

艾莫南先生对此束手无策，他继续以同样关注的眼光注视着一株雏菊或是南非的凉木患（*Deinbollia*）。要不停地观看、观察，这正是他不断向我们重复的话。许久以来，课堂上已经不这样教学了，但这才是植物学的根本。他在巴黎街头随意采摘了些花束，提醒我们细致入微地关注生物世界如何重要，精确到羽状花药、带刺的托叶和粉色的花瓣。不管他的后继者是否有能力花同样的时间去采集植物，他自己一直在努力，蹲下来面对植物，一切植物。

我崇拜这样的关注，这种认知，这种不遗漏任何植物群及其壮美形态的意愿。我知道，自己迟早会在植物中做出选择，总有一天会有人对我说："噢，您是世界知名的鱼尾葵专家。"这既会让我欣喜又不免难过。我们所处的时代不再研究地区植物群，研究者会越来越局限于研究经费充裕的领域。面对科学领域的不断扩张，我们能够做些什么？大家都变成专家，他是细胞群主，我则属于棕榈部落？知识的极度碎片化会导致疑问本身变得支离破碎，让两个科学家之间的对话变得不知所云，甚至无法进行。研究棕榈树的科研人员，与以十字花科拟南芥（arabette des dames）为实验模型研究基因组的人能说些什么呢？

# 三十五

我不愿意专注于某个特定领域，因此我的博士论文题目的选择在各种意义上都是很棘手的。唯一令我相对平静的是我对棕榈树的喜爱，但选择哪类棕榈树呢？我的兴趣自然把我引向马达加斯加。然而，我刚刚拿到的美国奖学金却让我的研究范围远离了印度洋。我向"山羊"敞开心扉，他嘟囔着说，拿一个美国博士回来，我就不管在哪个领域都有了装备。所以植物标本馆同意我回来工作，条件是彻底放弃研究马达加斯加的棕榈树。永别了，非洲；永别了，本恩吉音乐棕榈。欢迎来到亚洲，这里生长着许多其他物种。的确，远远地看过去，那边很有些吸引力，我注意到，植物越大，采集就越少，更别提研究了。我下定决心潜入这一现代植物学的巨大缺口中。

我在鱼尾葵属（Caryotées）和蛇皮果属（*Salacca*）群落之间犹豫，这是亚洲不太知名的两类植物。

说实话，最初鱼尾葵并不是很吸引我，因为它们不是一般的高，有些品种高得出奇，高到可以把你的日常生活搞得一团糟。想想看，当一棵棕榈在30米的高处伸出手跟你打招呼时，你怎么能够跟这个研究对象搞好关系？而且鱼尾葵的棕榈枝跟别的不一样，大自然赐予它们树冠上双羽状的叶子，很像羊齿植物。

相反，蛇皮果一切都招人喜欢，它们外观漂亮，长出多汁的果实，是人们愿意见到的棕榈树模样。但细看就不一样了，果实上覆盖着又长又黑、亮闪闪的平刺，像是向研究人员竖起的无数个中指："来吧小家伙，我要把你切成碎片。"为谨慎起见，我还是选择了鱼尾葵。

研究人员的生活是飞来飞去的，我的这个决定让我远离了植物园。萝拉也离开了。从此，我们只在空中飞行的间歇才能在机场见上一面，在大树尽头分道扬镳。她的专业把她带到新喀里多尼亚，成为太平洋茜草科（Rubiacees）专家；而我的专业则把我带向美国。对此，我周围的人非常困惑：什么？你要去纽约研究亚洲棕榈？这便是理解植物标本的重要性，就是说先研究标本，再去查看活着的植物。繁茂的热带雨林，不管是什么样的森林，都积存在大型机构的柜子中。如果对亚洲棕榈感兴趣，纽约的植物园是"必去之地"。

# 三十六

　　我到达美国后收到的第一张明信片上是图内福尔的肖像，我把它贴在纽约植物园办公室里最显眼的地方。但当时我并不知道，这是艾莫南先生寄给我的最后一封信。

　　图内福尔是一个熟悉的影子，这个影子每天早晨陪伴我去植物园上班。当我沿着拉塞佩德街的磨石砂岩墙行走时，有时仿佛听到街上来来往往的车辆中有只雪橇在飞速前行。图内福尔没听见，他的眼睛只盯在植物上。他腋下夹着刚采摘的花束径直朝前走，眼睛盯着墙上的坑洼处和苦苣菜的白色花球。他的前途在此受到致命打击，被雪橇车轴和石头粉碎了——套车遭到猛烈撞击，图内福尔的肋骨被碾碎，他熬了7个月。这垂危而漫长的7个月，使他有足够的时间将植物标本集赠给国王和相关学者。

　　图内福尔拥有十分罕见的说服力，作为一位远游的博物学先驱者，他是忠实的母港探险者；皮埃尔·普瓦夫尔忠实于摩鹿加群岛，而阿当松忠实于塞内加尔。我们都是图内福尔谦卑的追随者，先是喜欢匍匐在粗糙不平的地表，再将采集品送回植物标本馆。许多年以来，植物学家们都模仿他的行为，习惯性地把笔记本和植物留在标本馆中。这就解释了为什么采集品很快便挤满了植物园，尽管陆续兴建了许多建筑，但仍不够用。

到了纽约机场，我告诉出租车司机要去植物园，他奇怪地看了我一眼，因为他从来没听说过这个地方。然后他查了下导航，才做了个鬼脸，知道这座植物园就坐落在布朗克斯中央。布朗克斯！到了布朗克斯大广场，好几辆闪着警灯的警车做手势让我们绕行，原来潮湿的沥青路上有一具盖着白布的尸体。第二天，我的办公桌上躺着艾莫南先生的信，图内福尔一直陪伴我到了美国。

# 三十七

反差太大了！纽约植物园跟美国一样辽阔，97公顷的土地，专为棕榈树盖的温室，宽广的大道，还有一座宏伟的建筑——纽约植物标本馆。这里跟巴黎的植物标本馆正好相反：后者把所有的收藏都集中在一个地方，而前者则把标本散落在许许多多的新建筑中。我在这里晕头转向：首先是因为地方太大了，其次是这里的人口音太重。他们用美式英语来念拉丁语植物名称，因此每次对话我都感觉似乎发现了新的物种。Beurbeuridacées[1]是什么东西？我根本听不懂他们在说什么，还常常搞错部门。总之，我不知所措。

我必须承认自己对美国一无所知，更不了解其植物群。在巴黎植物标本馆，植物园入口便能遇到美国来的使者——一棵很高的大果栎（*Quercus macrocarpa* Michx.），这种橡树树干粗

_____

① 应为Berbéridacées：小檗科。

壮，守护着大门。每天进门时，我都要先跟这位友好的守护者打个招呼，再匆匆走向办公室。1738年，这棵树应该不比苹果树高。那时，朱西厄接待了一位来自马里兰大学的同事。为了让同事安心工作，朱西厄说这里就是他的家，因为周围的植物大多来自美洲。

从18世纪开始，新旧大陆的物种交流渐渐多了起来，而且这种交流是双向的。有些学者甚至担心法国南部的杂草会蔓延整个美国中西部牧场，野牛在大草场上嚼着遍地的金雀花。在牛仔和淘金者出现之前，最早的探险者是博物学家。像淘金潮一样，植物探险家们也对打造美国神话做出了贡献。

在法国大革命爆发前夜，即将成为年轻的美国第三任总统的托马斯·杰斐逊来到巴黎。他要求会见植物标本馆的科学家，以期建立一个种子与植物的交流机制。促成此类合作有很多原因，既有科学的原因，也有外交的原因。

杰斐逊认为，旧大陆一定觊觎新英格兰和宾夕法尼亚州广袤森林的一切。谁知道大西洋彼岸能够给法国带来些什么好处呢？那样的自然和广袤需要巨大的工作量去挖掘开拓，还要说服欧洲人对此产生兴趣。由于当时进化论还处于初级阶段，巴黎御花园的管理员布丰对美国的物种不屑一顾，因为它们跨海航行到达彼岸后便退化了。于是杰斐逊增加了运输品种，比如巨型动物的牙齿和各种化石，向对方证明美国的动植物品种是多么丰富。这是一项艰巨的挑战：一方面，杰斐逊在寻找一条通向西北的神奇路径，一条穿越美国的河流或是一条通道，以便快速与亚洲相连，打开新的商业渠道；另一方面，对他而言，向西探索是向新大陆移民展示他们所等待的大片可耕种土地的机会，这样的地理探索会使美国成为世界的新粮仓。杰斐逊希望依靠这样的论据吸引人们竞相向西部移民，当然首先要向那些已经有意移民的人提供粮食。因此，植物园所拥有的技术与品种至关重要。

1785年，安德烈·米肖与弗朗索瓦－安德烈·米肖①父子俩在17岁的园丁保罗·索尔涅的陪同下出海了，保罗是在植物园中长大的。到达美国后，他们修建了两个苗圃，一个在南加利福尼亚州的查尔斯顿附近，另一个在新泽西州纽约大道40号对面，这座名为法国花园的去处很快受到大苹果市居民的欢迎。18世纪末，法国花园成为一个时尚场所，园丁们争先恐后地向年轻的保罗求教，保罗再也没有离开过纽约州。12公顷的种植园植物被装入一摞摞箱子中，整箱整箱地运到仓库码头，再运回法国。大西洋彼岸的法国人常常感

---

① André Michaux：安德烈·米肖（1746—1802），法国植物学家与探险家。François-André Michaux：弗朗索瓦－安德烈·米肖（1770—1855），法国植物学家和医生。

到失望，由于运输时间长达52天，从法国花园运到洛里昂[1]的幼苗状态实在不佳。尽管自皮埃尔·普瓦夫尔时代以来运输条件改善了不少，为保护根系，采用"窝根"技术把根泡在水、泥土和牛粪的混合物中，却仍不能保证万无一失。然而寄送的总量、规模与品种都十分惊人，包括6万棵植物，90箱种子，见证了米肖父子的探索欲望。

自然博物馆的回馈也很慷慨，1808年，"种植主"托马斯·杰斐逊在华盛顿收到207个送给美国人民的实用物种。就在他去世前一个月，这位总统还因为博物馆有一次并非直接寄给他本人而感到懊恼。他在向来访者介绍他在蒙蒂塞洛的花园时，喜欢指给人看这个法国菊苣品种，其种子来自美国国父乔治·华盛顿的父亲，他认为这是遍布全球的兄弟情谊的象征。

米肖父子赶上了法国大革命，几乎再也收不到任何津贴，但他们仍不顾一切地频繁活动，将活动领域从哈德逊湾一直推进到加拿大东北部城市，去寻找有用的物种。在穿过这些取之不尽用之不竭的广袤森林时，他们欣赏着森林中的优质木材，希望某些树种可以改善法国的林业，并在法国国内重新种植有较高工业价值的树木。但历史的悖论是，他们留下的遗产与经

---

① Lorient：洛里昂，法国西部港口城市。

济无关，而与环境有关。因为第一批殖民者为了吃饭和取暖砍伐了许多树木，不可挽回地破坏了永生的灌木丛。对他们而言，树木并不比金雀花的价值更大。米肖父子在他们的研究与文字中，不知不觉地见证了美洲森林外观的变化过程。因为与杰斐逊所期待的相反，向西部的大开发并没有达到使其成为粮仓的目的，反而让美国这片自由与蛮荒的土地长久地维持着荒野的形象。

# 三十八

　　巴黎植物标本馆是法式的，却也是美国梦的一部分，这是件幸事。1930年年初，植物园中的收藏已经容纳不下，美国超级富商洛克菲勒投资兴建了一座拥有宽大石头阶梯的建筑，作为新的标本馆。他没有想到，不过半个世纪之后，他的船体再一次被撑破，仍然容纳不下全球如此多样的生物。我有个奇妙的想法，就是洛克菲勒带着他的亿万财富来拯救兰斯大教堂或凡尔赛宫，也来拯救一下植物标本馆——这项事业看上去不那么显眼，其名声在非专业领域不超过巴黎第五区。我宁愿相信，在纽约这座收养了我的城市里，洛克菲勒曾关注过这棵守护来访者的高大橡树，但这并没有阻止他把洛克菲勒中心的商业区建在纽约第一座植物园的原址上。

# 三十九

　　我和在纽约结识的朋友拜龙住在一座朝南的公寓里，位于一座高层建筑的顶部，是种植热带植物的最佳位置。在巨大的玻璃落地窗后面，空旷而平庸的客厅开始长出节蔓、根蘖；从天花板上垂下来一些根系，枝叶碰到人的鼻尖。渐渐地，纽约的天际线被藤本植物的枝蔓挡住看不见了，真正的丛林遮住了林立的大厦，叶子贴到玻璃窗户上变成彩绘玻璃窗。温柔的阳光穿过枝叶散开来，原先洁白空旷的客厅被这些植物赋予了生命，室内植物生长的快慢给每天带来不同的心情。我们脚下的花盆排成一列，各式各样的容器组成一个多样化的生态系统，从小到大，形成一片随意的灌木丛。

　　我种植的大部分植物与远行探险有关，有时候来自森林，有时候来自山谷。我生活在旅行的追忆中，追忆那些风景，那些有记忆和有性格的个体。有一次去泰国，我在一棵开花的高大董棕树（caryote）下捡到许多种子。这种棕榈树结果之后就会死去。我对这棵树爱莫能助，它在我头顶上垂死挣扎，根扎在喀斯特地块上，石灰石被暴雨侵蚀过。我的脚下有一大堆腐烂的水果，散发出甜甜的香味，我将手指伸入果肉中取出一些黑色的果核。回来后我就把种子种下了，心里忐忑不安。一个月之后，长出来一片叶子，有两米长，占据了所有的空间。看到这棵巨树用尽全力顶上天花板，我是既赞叹又难过。叶子嵌进天花板，像是要吞噬掉它，然后沿着墙角攀援。我只好把它剪断，腾出来的空间很快被旁边的植物占领了。有一天拜龙数了一下，有180种植物，包括亚种和变种，旁边配上解释文字以便浇水。我并没觉得有什么不妥，但拜龙告诉我，跟一个植物学家住在一起需要忘我的精神。

# 四十

　　植物可以抚平人的焦虑感。置身于一个没有植物的房间，比如在一间用塑料树点缀的旅馆房间里，有时会让我感到窒息。帕特里克·勃朗称之为"泰山情结"，就是需要无时无刻与大自然接触。于是为了自身的需要，我学会了让植物充分成长，我还是比较成功的；但是能够凭记忆指认系谱这事没帮上什么忙。

　　在纽约的每个晚上，我都要做同一件事：一回家放下包就去看植物，它们可以吸收我的一切疲劳。早上醒来的第一眼也肯定是望向它们。植物的存在让我安心，我可以整小时整小时地观察它们的生活，分析它们的叶片活动。比如说台湾鹅掌柴［*Schefflera taiwaniana*（Nakai.）Kanek］的叶子尤其引起我关注。这是一种不可思议的五加科植物，生长在中国台湾2 500米的高山上。它的嫩叶被一层又短又密的毛覆盖，洁白无瑕，但这样的保护能够抵御纽约的严寒吗？我想象这株植物在三年当中会长到两米高，从而占据我的整个阳台。我的乐趣就在于看着它长大，换位思考，让我慢下来跟上它的时间刻度，处于地质永恒与动物闪念之间的某一时刻。

我刚到纽约时就被派到迈阿密去考察，学习如何用先进手段采集棕榈树。结果，这次佛罗里达之旅让整个公寓覆盖上一层植被。

要知道棕榈树并不完全是树，而是一种巨型的草。因此，它们没有树干，只有直立的茎干，不过是一枝柔软的、光滑的、类似大葱的茎。它的顶端只有一个芽，这就赋予它们非常纯净美丽的形态，但也解释了为什么它们在植物标本中颇为罕见：这样的笔直高耸让人难以攀爬，其叶冠也很难接近。所幸蒙哥马利植物中心的工作人员都很年轻且个子不高，身手矫健，很快便掌握了技巧。这需要掌握切片法，叶基、中央、顶部，所有这些需要精心切剪与折合，以适合植物标本馆的标准格式。

在蒙哥马利植物中心，可以用长柄钳轻松地够到棕榈树；自然状态下就难多了，除非有只驯服的猴子和它的主人在场。如果没有猴子，还有另外两种办法：穿上铁钩爬树干，或是爬上邻近的树去接近棕榈树冠。如果这些都不可能，那么采集就只能采用勘察的方法了：耐心在树下寻找线索，叶子、花、果实。植物学家总是随身带着多本采集记录本，仔细描述他刚刚压扁的东西。一切可以辨认出这株植物的内容都值得记录。如果采集者记录得全面，观察者便只需仔细观看植物图板及其标签就可以想象出整棵棕榈树的样子。

蒙哥马利植物中心拥有北半球数量最多的棕榈树采集标本，包括亚洲的、非洲的、美洲的，就是说所有的棕榈树标本都在这里；而我有幸生活在它们当中，那里是我的天堂。那个地方不允许外人参观，我完全是独自一人。唯一陪伴我的是海牛，我能听到它们在旁边的红树林中反刍。我住在棕榈林深处一幢明亮的小房子里，房子没什么特别的，每天晚上声音与光线通过巨大的落地窗传进来，还有一大摞数量可观的莫扎特音乐光盘。我一盘一盘地听着音乐，身后树叶沙沙作响。棕榈树在风中发出的声音在上千种树叶中都能分辨出来，它们僵直地爱抚、过滤着空气，发出轻柔的沙沙声响；而房顶上，马尼拉棕榈（*Veitchia*）的果实像敲鼓一样咚咚地敲着瓦片。有棕榈树相伴的夜晚，我就在这样的声音中酣然入梦。

第二天清晨，我打开门，门口鲜红一片。马尼拉棕榈是佛罗里达的圣诞棕榈树。冬天时，它们的果实变成猩红色，一串串红色的果实在我的小房子周围爆裂开来，展现出一幕可怕的血腥场景。

迈阿密还上演了另一场屠杀。当时是1月份，天气寒冷，树上的鬣蜥腿冻僵了，从树上硬邦邦地跌落下来。由于寒冷在持续，有些鬣蜥便再也没醒过来。它们横躺在地上，竖起的肉冠看起来很吓人。腐烂的绿色身体散落在各处，臭气熏天。除了气味以外，一切都充满安静与详和的气氛。蒙哥马利植物中心是为纪念一位钟爱植物的美国名人而建的，他叫罗伯特·希斯特·蒙哥马利①。旁边的一座热带植物园——仙童植物园——也是拜他所建。这两座植物园相隔不远，步行20多分钟，这样我就很容易在两座园中走来走去。但是在迈阿密，人们是不走路的，更不采集植物。如果有人在路边灌木丛中行走，那他一定是个流浪汉。我在路上行走时，两次中就会有一次遇到警车停下来盘问我，然后开着警灯把我送回去。

---

① Robert Hiester Montgomery：罗伯特·希斯特·蒙哥马利（1872—1953），美国会计师和教育家。

# 四十一

　　回到纽约后，我的博士论文中最美的一个故事在等着我，静静地待在两个植物属——鱼尾葵属和桄榔属（*Arenga*）——的相交处。直至今日，这两个属是根据它们的叶片来区分的：鱼尾葵属的叶子是双羽状，即被切成两片；而桄榔属只有一片叶子。鱼尾葵属的叶子结构带有横向分支的轴，样子像是电视天线；桄榔属的轴直接连着叶面，像羽毛一样。我读过相关的所有文献，了解两者的生活形态，从幼株到成年状态。鱼尾葵属的第一声啼哭像是破偶蹄；同一年龄时，桄榔属长出一个完整的叶片，跟菠菜叶差不多。一直长到青春期，两个属开始区别开来，此后便相对容易识别。

　　通过不断调阅样本，我有种感觉，就是这种辨别方式不太对劲。先不管叶片，它们的花完全不是一码事。在桄榔属植物中，有一种很罕见的鱼尾桄榔 [*Arenga hastata*（Becc.）Whitmore]，它开花的排列方式跟鱼尾葵属很像。我很想更多地了解这个神秘的物种，于是就此问题竭尽全力搜寻相关的分类单元，期待有机会种植这一罕见的植物。不知是运气还是什么，我在印度尼西亚茂物植物园里见到了一棵有成熟种子的鱼尾桄榔。获得园艺师的同意之后，我收集了种子并安排带回美国的事宜。

我是有收集许可证的，但美国海关太过吹毛求疵，我必须做最坏的打算，像当年的皮埃尔·普瓦夫尔一样，还需要点计谋。我至今记得第一次到达美国时的情形，在许多方面充满了卡夫卡式的荒诞。我不太在意私人物品，重要的是带上我日常生活需要的标志性植物种子，如天南星科植物（Aracées）、野香蕉树，更不必说棕榈树了。我天真地申报了海关，心想海关工作人员肯定理解一位植物学家会随身带着自己的家庭生态系统。真是大错特错！即便我有能力讲出混在衣服中的种子谱系，海员工作人员也一概充耳不闻。我被关进运送行李区的一间小黑屋里，他们强迫我一个一个打开行李箱。慌乱中，我居然忘记了最大箱子的密码，眼睁睁地看着它被锤子砸开。纽约欢迎你！

于是这次在印度尼西亚，我在同事的帮助下略施小计，他们比我更习惯于做这类事情。我把种子包放进一个信封，里面有纽约植物园的进出口许可证。在此之前，我还把其中的三个褐色小颗粒分开，塞进一双袜子里。所有种子都毫无悬念地通过了海关，我终于松了口气，把那个信封郑重地交给园艺师负责人，并假装忘记交给他那三粒放在我脏衣服袋子深处的逃犯。

一回到家，我就把它们种在土里，然后是等待……终于长出来了！一看到萌芽冒出，我就感觉什么地方不对劲。因为那冒出来的嫩芽的叶片裂成两片，像羊蹄一样，不是菠菜叶。有一天晚上，我像往常一样埋头观察植物，发现在一个小叶片上长了一个奇怪的鼓包，是一个叶枕。这种突起对植物来说就像人身上长的水疱，里面全是液体。只是从来没有人注意到这个品种会长水疱，原因是，这是鱼尾葵属的特征，桃榔属类从未有过这类器官的记载。正是我在灌木丛中看到的鱼尾葵属的嫩叶，由许多叶枕组成的小球链长在叶子的中轴线上。我的怀疑加深了，于是恍然大悟，这个叶枕说明，外表看起来像是桃榔的植物其实是鱼尾葵属下的一种；一百年以来，人们误用它远亲的名字给它命了名。

尽管我急于发布这个消息，但形态学观察还需要符合DNA信息。我怀着忐忑的心情把它交给实验室去判别。经过提取、放大、解码，分子鉴定一锤定音，叶枕是区别一切的根本。内幕终于揭开，鱼尾桃榔变成了鱼尾葵（*Caryota hastata*）！

我突然就感动地想到了让-路易·吉约梅，为了他，我和萝拉在巴黎还发生了流血事件。如果得知这件事，这位生态学家肯定会把我臭骂一通，再跑出去呼吸新鲜空气。这便是植物学家美好的使命，我们是安排植物的永动机。

　　研究工作不总是引人入胜。可以想见，探索过程中的偶然性，通常不是出现在阴暗的灌木丛中，而是在采集之后出现的波折中。比如通过一次观察、一次分子鉴定，误放在一起的两株植物突然间就区分开了，就像是我的鱼尾葵曾长期被另一种棕榈命名一样。有时候，一个无名的样本在十年之后才得以命名，甚至要耐心等待一百年。

　　其实一切都是实地与实验室的时间性之间的对立。实地时间并不总是与观察时间相符，植物学家热衷于去森林中收集样本，越收集就越需要收集，每一刻都是宝贵的，不愿错过任何一个特别的植物。先以观察的眼光扫描式快速分析，然后头脑中迅速翻阅植物形状目录，一直到在需要的那一页停住。观察顺序先是迅速反应，随后是形状，最后是名字。

　　植物标本馆在时间的长河中延续了这一即时性，它安抚目光，抽离形状，并提供在同一样本上无限观察的可能性。尽管有技术的革新，尽管基因组神秘的面纱已经被揭开，但这里的一切仍然需要通过眼睛——那是冷静与沉着的目光。自然历史的基础就在于观察的眼睛，在观察标本的过程中磨砺得越来越锐利。如果说一位非专业同事有能力告诉您这是一棵棕榈树，一位鱼尾葵属专家则可以鉴别出一株拥有50年历史的标本。但即使眼睛随着经验的丰富而更加锐利，也不是无往不胜的，原因是标本可能不完整，采集不规范，样本表现不出可以无误鉴别所需要的特性。这通常会出现在我那些亲爱的棕榈树身上，它们会让采集专家束手无措；采集专家更习惯于鼓捣紫罗兰那种高度的花朵。我遇上过这样的事：面对一个棕榈树标本，我完全不了解任何细节。其他有参考价值的样本都在中国标本图集中，而相关机构拒绝借给我。标本太陈旧，无法从中萃取DNA。只剩下一种办法：到实地去找到这种棕榈。人们最后一次见到它是在20世纪80年代，中国广东省附近。

# 四十二

　　1741年7月的一个早上，皮埃尔·普瓦夫尔第一次看到中国的地平线，我永远无法知道他当时有多兴奋。好像他年轻时写的日记在归途中掉进了大海，同时失去的还有他的右手，所以他对世界另一端的看法我们永远不得而知。只有通过跟他一起旅行的颜珰[1]神父的一封信才能大致了解一下他们漫长的旅途：行程顺利，间或遇到风暴和几例败血症。普瓦夫尔并不晕船，只是无聊透顶，磨练着颜珰神父的耐心，后者只想安静地观看风景。他们每天的生活平淡无奇，就是两人恨不得跳出船舷，好打发六个月的无聊斋戒。饭桌上，好的时候有金枪鱼、鲣鱼或鲷鱼；不好的时候就是炖鱼干。船在中途停过两次，他们的菜单丰富起来：有圣地亚哥[2]的柠檬、橙子和椰子，还有

---

① Charles Maigrot：嘉禄·迈格罗特（1652—1730），又译作颜珰，巴黎外方传教会传教士，曾任天主教福建教区主教。
② San Yago：圣地亚哥，多米尼加共和国第二大城市，原法国属地。

爪哇岛的龟汤，这是颜珰神父的最爱。眼看印度尼西亚森林在船舷边不断后退，神父心想，与之相比"凡尔赛花园真不算什么"。普瓦夫尔则在甲板上踱步，不知前方即将到达的伟大东方等待他的是什么。

亚洲不过如此，普瓦夫尔并没有从与中央帝国的第一次亲密接触中获得些什么，因为船墙挡住了眼前的大地，除非登上瞭望塔的顶端。中国海上漂着成千上万只平底帆船和快帆船，森林般的船桅杆在海面上摇晃着。18世纪的亚洲，对外来贸易商的吸引力主要集中在两个城市。假如普瓦夫尔从船帆外看到了什么，他也许会猜到，左舷是澳门的葡萄牙基地，右前方是珠江三角洲深处的广州，"那里的海上和陆地都挤满了人"。

2010年的广州，一座座镀锡铁皮搭建的小庙宇在飘着白云的天空下排成一列。可能是因为我走的时候心不在焉，脑海里只留下了灰色和模糊的风景。透过飞机、出租车、酒店房间、租赁车的玻璃窗，感觉那里永远是雾蒙蒙的。只要离开舒适的汽车，我们就一头撞进外面的大雾，我不知道这是冬季还是污染的缘故。

我是穿越了太平洋专程来此地寻找一种神秘的棕榈树——长果桄榔（*Arenga longicarpa* C. F. Wei），它是1875年第一次在这里的白云山的山坡上被采集的。当年皮埃尔·普瓦夫尔到达此地时，广州只有80多万人，现在已经成为中国第三大城市，包括北部丘陵地带白云山。读着前人写的远征报告，我得出结论，在城市不断重组的过程中，地图上不可动摇的方位标是从未移动的山峦。现在，白云山周边公路网纵横交错，只剩下阴霾缭绕的山顶。此时正值中国春节期间，人们络绎不绝地漫步于山间小路上，罩在五颜六色的雨伞下面。一位叫刘茜的女学生陪着我，我们费力地挤出度假人群的重围。在低海拔处，森林早已被砍伐又重新种植。我们爬得越高，林间的人工痕迹就越少，整洁的花坛带衬着化纤地毯难看的绿色，效果大打折扣。在一个高处，我们沿着土路走到尽头，遇到一堵矮墙。墙的另一边荆棘丛生，很浓密，间或可看到下面有小溪流过。要想找到长果棕榈，就得沿着树丛下面的水路走。我们只能跨过那堵矮墙。

　　长果桄榔没留下任何图片，这种植物在植物园的收藏中是找不到的，在中国南方的植物群中也看不到。我了解到前后共有四次采集，30多年前它应该生长在此地附近，但是后来找不到了，再也没人报告过它的存在。这是一棵幻想出来的棕榈树，空想了叶片与汁液，但我仍要义无反顾地去寻找。一旦它的DNA被萃取，我就可以完成鱼尾葵属的谱系图，进而结束我的博士论文。我有四年时间去研究这一植物大家族；四年，15天在广州，一天都不富余。植物学家不断地重新踏上他们前辈的足迹，是因为他们实在没有别的选择，因为学业要求他们必须在有限的时间内找到植物。一个旧式植物猎人是去冒险，在山坡上磨破裤子，在倾盆大雨中睡吊床，唯一的食物便是在蜡烛光下嚼饼干。很久以来，这幅景象已经被另一幅所代替：科学家在安排紧凑的两次飞行之间四处惊恐奔波。眼下，中国无论对旧式还是新式探险家都不会提供方便，首先是国门一直关闭到19世纪，如今又用繁琐的授权请求来加以限制。然而这并没妨碍中国的植物群落成功地扩散到全球。仔细想一下，也许直接翻墙进到巴黎郊区伊夫里某个别墅花园，更有可能遇到这些植物的后代。

# 四十三

　　花园里盛开的花朵显然是植物探险中最容易见到的遗产。在欧洲，从16世纪土耳其的郁金香到19世纪北美的红杉树，观赏植物从世界各地大批涌入。今天看来，植物实在太平凡了，它们的存在不再构成问题，植物出现在我们身边已经成为司空见惯的事。然而，没有哪一个花园里没有异域植物，其中就有不少来自中国。我们的花圃中种植中国植物已逾三百年，从遥远的西藏来的喜玛拉雅蓝罂粟是最后几批来到我们身边的，中国向世界开放了。

　　王室御花园，育种与插枝的必经之路，曾是所有上述品种入境的大门；园艺师正是在这新品种的苗圃中丰富了他们的花卉目录。他们精心选种，再传播到私家花园中，主人们总是期待着新品种的出现。150年前，在紫藤架下漫步就拥有了最美丽的天空。5月，成串的紫花凋零，将花瓣散落到小径上，就像是遥远的中国海上的浪花翻滚，落下的水珠应是皇帝御花园中的喷泉。紫禁城便是中国的象征，神秘、禁锢。那时的中国对外抱有戒心，限制外国与澳门和广州两地的交易，而全国境内其他地区则对外全面封锁。

中央帝国的戒心并没有阻止旅行者涌入中国。旅行者有两种：一种是商人，一种是传教士，如皮埃尔·普瓦夫尔，他靠在舷墙边悠闲地看着那些浅底帆船在水中晃荡。

商人们在贩运那些易碎的蓝白瓷器餐具、大黄干茎、红茶，他们停留在中央帝国境内不过是为了装满货舱再起航回国；而传教士则是为了到那里安顿下来，说服人们皈依。无论是商人还是宗教人士，就算是安全到达目的地也不会走得更远。皮埃尔·普瓦夫尔唯一看见的就是那些林立的桅杆。假如他真的留在中国，没准能遇到一位可以帮助他的人，揭开罩在中国土地上的面纱，他就是汤执中①。汤执中神父在普瓦夫尔之前一年以传教士身份到达广州，与后者不同的是，他被准许去北京从事领先的科学事业。

正是由于这位宗教人士，神父们才在中国开启了植物学之旅。当时没有任何外来者能够在这个国家随意行走，而精心挑选过的耶稣会士则能够进入皇帝的御花园住下来，皇帝本人渴望知识，喜欢与他们相处。耶稣会士们当初精心挑选的花卉清

① Père d'Incarville：汤执中（1706—1757），法国耶稣会传教士、植物学家。

单至今仍有效，正是基于这个清单，我才鼓足勇气去广州周边的树林一探究竟。

我不是第一个遇到困难的人。1741年，北京近郊已经精耕细作，汤执中神父不得已只好降低自己的期望。要想找到一些罕见的植物品种，就得走出北京。这位传教士写信给自己的植物学老师朱西厄，敦促他寄来一些球茎和种子，这样他就可以接近皇帝。汤执中向朱西厄解释说，皇帝热衷花卉，为此他还专门建造了一套房子，以便欣赏到山上的春白菊，这就有了讨好他接近他的理由。之后汤执中列了一长串可以讨圣上欢心的植物名称：郁金香、银莲花、康乃馨……而位居汤执中名单之首的，是大朵五颜六色的罂粟花。

朱西厄和汤执中一共通了16封信，聊的都是有关寄送植物的事。汤执中担心商船的船舱太潮湿，于是他等待着沙漠商队经过，他们用骆驼驮着商品从欧洲各地经西伯利亚进入俄罗斯。随后，汤执中极具耐心地在自己房间的窗台上培育了一株异域含羞草（*Mimosa*）。自第一次求见皇帝十年之后，他又一次跪在皇帝面前，这位耶稣会士终于可以献上两株开着粉色绒球花的植物。当乾隆皇帝用手去触摸时，含羞草叶子一下子关闭起来，像是对圣上表示尊敬。含羞草学名 *Mimosa pudica*，确实很害羞，手指一碰就机械性地做出反应。于是汤执中得以进入中国的皇宫。乾隆皇帝被这株长着敏感叶子的植物所征服，进而对耶稣会士萌生好感，便如了汤执中的愿，让他进入御花园，并允许他到北京周边的山里随便转悠。

乾隆皇帝爱极了这株对他的抚摸有回应的含羞草，还命画师给它作了幅画。作为报答，中国的第一批花卉也抵达法国，其中之一便是翠菊（reine-marguerite），这是中国皇帝的一份礼物。

皇帝是唯一表示对西方物件感兴趣的人，因为尽管欧洲人不可救药地爱上了亚洲饮食，可中国人对西方人想要推销的外来物品兴趣缺缺，他们只在乎钱。欧洲商人很快便走进了死胡同，因为贸易天平无可挽回地倾向东方。而在地球的另一边，中国古玩爱好者们正悠闲地呷饮着中国瓷器杯里的乌龙茶，根本不关心他们喝的饮料交易已是岌岌可危，因为广州码头上缺金少银。

到底什么东西能吸引这个伟大民族的目光呢？《法国商人在华指南》详尽描述了出口中国货物的各种尝试，但内容古怪，比如鱼翅、蜂蜡，甚至一度贩起了人参，从其他亚洲地区进口中国用作中药，但并不成功。商品一旦大量涌入，行市就下跌，所以需要另辟蹊径。这时许多商人的鼻子嗅到了一种花，而它居然就是当初汤执中为讨好皇帝给朱西厄开的名单上的第一种植物——罂粟。其中一个品种有皱巴巴的白色花瓣，中国人将其用于烟酒物的包装。这种商品——鸦片——在中国是非法的，它将引发一场战争，改变历史与商业的进程，同时也让中国敌开了紧闭的国门及其植物群。

鸦片罂粟（pavot somnifère）是一种奇怪的花，长期与人类共存，与香蕉和玉米一样，在与人类的接触中改变了自己。罂粟喜欢生长在贫瘠的土地和田边上，我们甚至不知道它从何而来，应该是来自地中海，因为它一直伴随着人类的活动。在罂粟的叶管中流淌着一种白色乳胶，里面是混合了生物碱的毒液，用来粘住攻击它的昆虫下颚。同时，剥掉其果实外壳可收集到一种复合毒品。罂粟花的开放很有特点，先是弯下来，直到开花之前才挺起身来，像是露出好奇的目光。被一片睁着好奇圆眼睛的罂粟田注视应该是一种奇妙的感觉。

18世纪末，罂粟的主要种植地在印度和孟加拉，正是那里发生的大饥荒导致了克利福德家族的破产。英国是茶叶进口大国，他们终于找到了平衡贸易的办法，于是加快了罂粟的生产。很快，大批的鸦片通过中国海关，最终引起中国政府的担忧。1839年，广州截获了一大批仓储鸦片，将其扔进大坑销毁后撒进了海中。这一事件导致英帝国进入战争状态，发动了第一次鸦片战争。1842年，清政府签署《南京条约》，承诺向外国开放五个港口，战争宣告结束。但1858年第二次鸦片战争后，中央帝国签订了《天津条约》，允许外国传教士自由进出并获得土地。至此，中国终于被打开一个缺口。

# 四十四

　　植物探险家借此机会对中国从云南至西藏进行了勘探，安顿下来的教士们则学习当地语言，把业余时间的每一分钟都用在植物上。他们很快便成为植物学家最好的中转站，最终寄回的植物由阿德里安·弗朗谢[①]接收。在自然博物馆内，这位苛刻的植物分类学家着手接待所有由宗教人士寄回的植物，并发表相关研究。汤执中神父寄来的是第一批。朱西厄去世之后，由于没有合适的收件人，这些植物一直放在档案室中无人问津。

　　这些人的形象显然与探险家不符：消瘦、贫穷，穿着破旧的长衫，只跟穷人打交道，因为没有一个有权势的中国人会接待他们。他们当中，只有谭卫道[②]神父获得了一点知名度，这位巴斯克人喜欢攀登比利牛斯陡峭的山峰。其实他并不比他的

---

① Adrien Franchet：阿德里安·弗朗谢（1834—1900），法国植物学家。
② Père David：谭卫道（1826—1900），法国天主教遣使会会士、动物学家和植物学家。

同行更加骁勇，但他运气极佳。在四川的一座森林里，他居然面对面地跟一个黑白相间的毛球动物相遇了，他发现了大熊猫。后来他在其他地方花很多时间采集了大量植物，但发现大熊猫才是后来者最好的通行证。同行们没他运气好，他们在科学方面的贡献尽管也很大，但仅为领域内的专家所知。

中国老百姓在这些外国使者身上看到的，是外来者的强大力量，因此对他们普遍充满敌意。强壮的法国东南部萨瓦人德拉维①神父到达中国后的一年，有一次做弥撒时被一块石头击中，差点丢了性命。即便有过这种遭遇，他仍然在随后的30年中跑遍了云南，并给阿德里安·弗朗谢寄去了数量巨大的植物，从而耗尽心力死于广州。人们至今仍不明白弗朗谢如何独自一人对这些植物进行了分类。

他们的发现规模之大，可以说是上帝的慈悲，但主要还是因为那里有特殊的植物群落，其名声大得可以越过巴黎植物园的高墙。弗朗谢收到的东西除了大包的晒干植物，还有许多种子，园丁们将这些种子种在巴黎的花坛中。每个人都想在自家花园里再现远方国度的花卉。而远在几千公里之外，谭卫道和德拉维神父则继续清点着那些美不胜收的植物。他们清楚，自己每迈出一步，花园艺术也会随之幻化。

---

① père Delavey：佩尔·德拉维（1834 —1895），法国传教士、探险家和植物学家。

但是他们的部分发现从未在植物园以外的地方种植过,如山桃(*Prunus davidiana* Franch.)。这是谭卫道神父在成都附近的山里发现的,那里原来是皇帝的夏宫,也正因此被园艺家们所忽视。山桃的粉色小花开得很早,不久就被冬日的寒风吹落。而德拉维神父在攀爬云南的崇山峻岭时也遇到了类似大熊猫一样的惊喜——蓝罂粟(*Meconopsis betonicifolia* Franch.),蓝色的花冠晶莹剔透,这是另一种罂粟,也是当今园艺师们最喜爱的一种美丽的蓝罂粟花。

看到这些美丽的花儿,人们几乎忘记了传教士们在探险过程中所经受的艰难险阻,他们只能喝小米汤,朗姆酒是他们唯一的杀菌剂;他们随身带的纸通常晒干样本时都不够用,而每天10个小时他们都艰难地行走在陡坡上。

相较之下,我在广州住在一家酒店里,租了一辆车,但只有一份收集许可证,就是许可采集长果桃椰。许多年以来,采集植物的方法一直没有变,只是采集手段增加了。植物学家已经不满足于描述植物,现在他要照相,记下导航坐标,为提供植物形态和遗传分析样本而取样。他会随身带一个铁皮桶,里面放满了干燥硅胶,可以把植物样本及其DNA保存在干燥的环境中。即便是有了这些措施,采集者唯一真正的工具仍是他的眼睛,借助眼睛,他的脑中像雷达一样不断扫过植物形状的目录。

植物探险并不是漫不经心的散步，在仔细观察每一株植物时，它追求的是完美。一旦突然冒出来一株拥有银色叶脉的小琉桑（*Dorstenia*）或是一株毛茸茸的秋海棠，这种完美就实现了。描述一株植物需要集中精力，因为压在两片纸间的植物即将永远消失。虽然有照片，但没有任何一种图像可以代替文字描述，即记录、描写，这是进入植物的秘密，是提取渗在植物茎叶中的乳汁，从雌蕊中滴出的花蜜，是描述花冠发出的清香，是指明树枝下的阴影；只有在闭上眼就能看到栩栩如生的植物时，植物学家才能放下手中的笔。

植物学家在摘下一朵花时，便捕捉到了展示生命复杂性的那一瞬间。在植物标本馆中，每一次采集都有统一的编号。这个号码便是一棵草、一株蕨，也是一个记忆。这是我们要勉力记住的一个时刻，因为有细节所以可以回想起来；就在读取标签的那一刻，琉桑的叶脉再次闪出银光，打破了遗忘。于是这株植物没有死，而整个森林也随之活了起来。寻找桄榔，就像是回溯时间。

可惜的是，白云山森林没能让我们达到目的。我和刘茜在林子里转了很久一无所获。突然，林中冒出两个持枪军人，一下子打乱了我们的阵脚，因为我们没有权利出现在这里。中国确实开放了，但不包括这里的森林。桄榔在广州已经消失了。

# 四十五

在中国的大城市里，那些摩天大楼、霓虹灯和五彩缤纷的广告牌周边花团锦簇；城市绿地很迷人，但也很吵闹。没有什么自然的东西，到处是令人眼花缭乱的色彩和彩虹般的花坛，随处可见的花草在巴黎或纽约都能看到：粉色的秋海棠、红色的天竺葵，到处都一样。连草木都已经被人工美化，这是一种自然的假象，来自世界各地的植物混在这样一个喜乐靓丽的大杂烩中，反而掩盖了自然的美。

植物的全球化导致花园中的植物群太过统一，不再有野生植物，而是由人工选育统一种植，误导游客们以为这些硕大的花瓣就体现了大自然最美的境界。

瓦扬课堂上的年轻人为什么会发出咯咯的笑声？是这么回事：能够吸引植物的是它们的性欲，花儿一直很迷人。尽管人们知道了植物的性特征，似乎仍没人记得此事。自卡梅拉留斯和瓦扬以来，仿佛一切都没发生变化；或是相反，园艺过分夸大了植物的生殖器官。花儿的诱惑是为了吸引昆虫和一些哺乳动物，也对人类的感官产生了神奇的作用。这种诱惑力很强，以至扩散到地球的每个角落，也挤进了中国和欧洲城市的每个马路转盘中央。有些花儿甚至飞速繁殖，比如兰花，我并不是很欣赏。对我而言，它们太橡胶化了，被完全改变特性，过度美化，是花儿中的风流货色。当然，在自然界它们完全不一样，但谁又见过野生的兰花呢？它们生活在石灰岩草原上，是紫色毛茸茸的羊耳蒜，用绒毛器官去吸引蜜蜂。植物学家带回来的植物有可能是对它们的形状和颜色感兴趣，但它们必须经过园艺师的手，用专业技能去培育，提高它们的抗性。各式各样的植物品种最终成为装饰植物，有时甚至失去了它们自身的天职；虽然颜色更加鲜艳，却再也无法繁殖。

奇怪的是，很少品种是通过叶片选育的。这些叶片固然重要，却被忽略了。我一直没有弄明白其中的道理：与花朵的昙花一现不同，叶片长久地停留在植物上；花儿的确绽放出绚丽的色彩，叶片也展现出无穷的形状与结构。叶片不以炫目的颜色取胜，而魅力全部在细节中，其微妙的单一调色板存在于从鲜绿到深绿之间的千差万别中。

林奈和科默松都没有搞错，林奈早就在《植物哲学》中阐述过叶片的多样性，而与他保持通信的科默松则制作了一个叶片专属植物标本册。这种罕见的分类方法成就了一个非装饰植物标本册，美得无与伦比。在三本带有绿皮封面、内含上百张发黄纸页的标本册里，科默松用鱼胶固定了大量叶片，那是他在蒙彼利埃花园中小偷小摸得来的。

# 四十六

　　我失望地盯着广州地图，最终决定开车到广州郊外去看看。大城市的郊区已经占领了许多土地，然后又被夹在农田中的小村庄所包围。我们漫无目的地走在小街上，举着长果桃榔的素描向村民们打听，希望他们能说出个所以然；所有的人都疑惑地低下头看那张画。皮埃尔·普瓦夫尔可能确实得到了摩鹿加群岛居民的帮助，但是当今人与植物的关系变得如此微不足道，能指望谁帮忙呢？广州城郊居民只对身边的植物感兴趣，巴黎人或纽约人亦不过如此。不管在什么地方，城市居民已经失去了与植物打交道的习惯，却用植物去装饰家居、美化环境，对它们的名字根本不感兴趣。

　　我们只好依靠自己的本能去寻找了。直觉告诉我要找到一条河。在一个转弯处，小路引领我们开车登上一座大坝。站在大坝上，我们看到茂密的森林，想必这里是因为坡度太大而免遭砍伐。森林的下方有条小河，河水穿过一片被砍伐过的树林，满目是零乱的植被，令人绝望。路的上方，我们看到山谷尽头有一条细长的绿林带，像是大坝下游渗出的一条细水流。那里是我们最后的机会，渺茫得连我们自己都不敢相信。我们随手抓住身边的残枝破树好歹滑下土坡，到达下面，面前是一个被砍伐后所剩无几的森林走廊。再仔细看那水流，沿着河水可以一直看到大坝。就在一根低垂的树枝下，我看到了一棵随着水流漂动的棕榈树。我的眼睛没有欺骗我，那确实是一棵长果桃椰。我欣喜若狂，这哪里是棕榈树啊，这是发现了新大陆！

我们大量采集，并把一些种子交给了中国华南植物园。第二天，我离开广州，感受着这些样本到达巴黎和纽约后的双重喜悦。

想象一下：某年1月的一个寒冷的早晨，巴黎灰蒙蒙的天空下，平淡无奇的植物园大楼门口出现了一棵李属植物的海市蜃楼。面前是这棵粉红色的小树，它无视世上的任何不幸，在严寒的冬季用树枝让孩子们欣喜若狂。世界的尽头就承载在它脆弱的花朵上。这株娇嫩的小树正是皮埃尔·普瓦夫尔、谭卫道和德拉维神父的发现。根在生长，枝在伸展，有人正在观察这棵从未见过的小树，像在标本馆的每一个板面上每次遇到的那幅原初场景。总是令人惊喜的场面，每一次都让人惊奇地睁大了眼睛。

# 四十七

我回到巴黎完成博士论文答辩，用两个小时来陈述我亲爱的鱼尾棕榈。在许多方面，博士论文的答辩都属于一种荒谬的活动。我注意到由于听众稀少，没人敢打哈欠。教室里除了评审委员会，没人听得懂我的论述，间或有人在点头；时间越长，我就越感觉自己是在对牛弹琴。好在古生物学阶梯教室的墙上涂满了画，都是些高卢猎人和古代陶工，他们在壁画里面无表情地倾听我的解说。我抓牢他们那个时代的智慧，希望不被阵阵鼾声打乱阵脚。就在几米之外，植物标本馆完成了脱胎换骨的过程。

我去美国之前就想过，这种浩大的工程绝对不可能成功。了解馆中所有收藏的人都认为这个计划太过荒诞。我们丝毫不怀疑这一举动的正当理由和同事将此事进行到底的能力，但这只是一个善良的愿望。我去纽约前，采集收藏已经被弄得杂乱无章，而工程一旦启动更会以十倍级增长。我坐在塑料盖布和被拆除的分格柜中间心想，他们永远完不成这项任务。在杂物堆那里，阿当松的浅色大理石半身像被一块薄纱罩了起来，靠在他的猴面包树上准备冬眠。

四年以后，整修迁移后的植物标本馆照片流了出来，干净整洁得令人感到不真实。因此答辩一结束，我拿起一杯香槟就溜了，终于可以目睹这项奇观。

金属门背后是新建筑的味道。我迈上主楼梯，简直不敢相信自己的眼睛。原先锈迹斑斑的分格柜现在被"密集型"大箱柜所替代，那是些可以轻轻滑动的闪亮金属模块。全球最大的植物标本收藏令人惊叹地沐浴在持久的阳光下，成千上万种样本被整整齐齐地收在红、绿、蓝色文件夹中，置放在金黄色的架子上。

我记得有一天，选择金黄色让一位植物昆虫相互作用专家感到困惑。专家站在架子面前思考着，为什么偏偏选择了金黄色？是呀，为什么？因为这个颜色最能吸引昆虫。昆虫是植物界最好的敌人：它们既能授粉，保证雌雄相遇，同时又十恶不赦，不管是在活着的还是死了的植物上，极尽破坏之能事。当然，我们的巢穴不会出大问题。但想到这个我就想笑。植物学家，说来说去不就是采蜜的工蜂嘛！

在蒙彼利埃干过一段短期合同后，这个多彩而平庸的领域就成我的了。对我这样的年轻博士毕业生来说，这算是相当好的奖赏了，但我仍找不到自己的位置。面对这样完美的类似私人诊所的地方，在大型建筑丰沛的环境里待过的人会有些不知所措。这座建筑似乎是被改小的，宏伟连贯的部分突然断开，被消防门阻断。楼道里整洁而悄无声息，墙上装饰着洁白无暇的长瓷砖。清晨和夜晚，入口处会发出令人不安的绿色灯光，那是诱捕昆虫的紫外线灯。双层玻璃窗户不再像远洋轮上的舷窗那样一有风就发出喀喀声，所有的声音都淹没在轰轰作响的空调器中，似乎植物标本馆的一切吸引力都被遣散，甚至樟树和肉豆蔻树的味道也被空气循环机吸走了。老人们也似乎全部消失了，如果整个工程的刺耳声响和灰尘影响了他们，那么建筑的重组最终将他们赶出了植物标本馆。这里被完全重塑，一张平面图显示建筑的内部构造，但与植物的逻辑已经没有任何关系了。货架内外，被子植物APG 3分类法便是法则。除了把某一科从一个架子挪到另一个，它还在整体上抹去了生命的概念。速度如此之快，似乎在此之前没有什么存在过。

　　分类是建立在理解世界的需要之上的，建立起来之后，在某一完成的时刻分崩离析。随着科学的进步，这些实用的分类系统因新发现而被淘汰。几经反复推倒重来，但是还没有哪一次像今天这样颠覆了神圣不可侵犯的植物标本馆内部结构。标本已经各就各位得以安置，办公室工作人员则远非如此。白发苍苍的老学者们完全失去了方向，艾莫南先生是唯一做出抵制的人。他驼着背戴上防噪音耳机，不得不把被埋没的历史标本一样一样找出来，同时低声抱怨着电锤的噪音。他是这些残留物的唯一看守者，现在却要交给搬家公司，这些人连蒲公英和铁线莲都分不清；而他在此待了55年之久，心中自然万般不舍。在那些艰难的日子里，他诅咒着这场整修迁移。其中的悖论在于：如果没有他耐心地鉴别那些采集家及其笔迹，标本馆的迁移是不可能发生的。

2013年以来，没有证据证明他不在了。用时间的长轴去衡量，他的不在场对我们的机构来说意味着什么？没有什么，只是不值一提的瞬间。但他写的注解还在，被埋没在卷宗中；墙上的提示牌为有意查阅历史标本的人提供帮助。艾莫南先生的身影无处不在，而在标本馆整修迁移之后生活还要继续下去。所谓生活，就是堆积在文件夹中的标本，分格柜的数量已经是之前的两倍，有能力接收全世界的植物群——按照收藏的自然接纳频率，平均每天40个新样本；现在我们有30年的时间去填满采集物。30年后，新的"密集型"箱柜将再次饱和。眼下，生命的迷宫中什么样的新发现会让我们误入迷途？

# 四十八

在植物标本馆整修迁移的过程中多了一个宝藏馆，也就是一个衣橱大小，却可以看到外面的植物园。谁猜得出锁在这些鞋盒大小的纸箱里积累了多少人物和多少探索？这还不是真正的象形文字，无法识别的文字减缓了进程，难道它们是埃及植物？目前发现的最早的干植物是拉美西斯二世的花冠，那是用睡莲或矢车菊缝制成的一长列花冠，被小心翼翼地夹在两张折纸中间。早在3 500年前，人们便将花冠摆在法老的木乃伊身边。

植物标本馆中的宝藏不都是绿色的，在无法识别的宝藏旁边，有一个很旧的相册，那是绒毛标本集。田野就是战场，炮弹炸死了精疲力竭的士兵，而长在战壕中的花儿则被收集起来。远处，在蟋蟀的叫声中，混乱归于终结。

在圣维克多山上，有一位年轻的未来植物学家图内福尔正在漫无目的地游走，他的身后有一支疾驰在草原上的宏大团队。在土耳其亚美尼亚，他跟随一支埃尔祖鲁姆帕夏600人的沙漠商队，走着走着，他突然跳下坐骑去摘一株小草，让人感觉莫明其妙。

从一个储物架到另一个储物架，世界尽头的面貌展现在眼前。用细笔书写的索引讲述着那些小修道院的故事，阿勒火山上覆盖的长年积雪，那些宝塔顶在精致的骨扣锁住的蓝色毯子下延伸到尽头。"这是根据植物目别在北京找到的几株植物。"汤执中神父用墨水写下的几行字勾画着他在中国的经历，那些长着坚挺叶子的苏铁科，他描述的荔枝像我们的麝香葡萄一样多汁，而当时旧大陆的人还从未品尝过。

植物标本室本身矛盾重重，一切看上去都枯燥乏味，样本日复一日在堆积。我的阅读总是三重叠加：科学、历史和人文。但是对我们这些利用干死植物的陵墓作为研究工具的人来说，宝藏并不仅限于这些储物架，一切都是宝藏，包括匿名的采集，大量平淡无奇的干植物。与整体收藏之外存储的资料一样，其价值是不可估量的。

20世纪90年代，一些专家的演讲没有起到保护作用，反而造成了更多的麻烦。如何处置那些冗长的植物分类？如何处理如此多的法兰西菊？从瓦兹河谷省一直到葡萄牙北部，博物学家们疯狂地采集了359次。在植物学界，最极端的学者认为只需留下最"典型"的，这些只占全球描述种类现存所有样本的3%～5%，其他的百无一用，所有不在红色文件夹中的应该尽快处理掉。幸好没有这样做，十年后，人类对地球产生的影响成为研究课题，在这方面植物标本馆便提供了许多有用的资料。

350年以来，植物标本记录了一切，包括对各品种的采集，如采集的时间、地点等。通过不断地保护最普通的样本，我们避免了历史上一次次采集时间线的断裂，这也是唯一忠实地见证植物群和景色变化并提供资料的方式。在地球表面，由于受到城市化、过度放牧和森林砍伐的影响，整个植物群体在移动。如果我们精确地了解科学家的行程以及他们在整个旅途中所做的采集，就可以细致地勾勒出各种生态系统的轮廓，告知它们的变更情况。就留尼汪岛而言，菲利贝尔·科默松是第一批去那里采集植物的博物学家。今天，他采集的600多种标本都保存在巴黎，它们见证了该岛的植物地理学特征。哪些品种仍未消失？250年前它们是如何扩散的？科默松的标本集向我们提供了唯一一幅原始全景图，它也是现存唯一可以让人想象出当初植被茂盛景像的资料。与当代采集相比，对这些植物的研究证明，一场与自然界的战争已经进行了很久。当年，科默松怀着既感动又焦虑的复杂心情，目睹了殖民者有条不紊地砍伐岛上周边的树木。

　　植物标本在适应着工作性质的改变，植物学家的工作图板反映了这一改变：与用墨水写就的标签、饱满而纤细的笔迹相对应的是样品数字化的条形码，与标注当地人的风俗习惯相对应的是全球坐标系统。连样本的位置也不够了，就像围垦地一样，工作图板需要扩展。叶片在长大，折叠时是否成形便要看运气了。有时候需要外挂些袋子来补充一下本就杂乱的采集物，里面盛着摆弄过程中不小心弄碎的叶片和脱落的种子。

　　在植物标本馆里，每一科植物都有果实和种子的收集。这些五花八门的试管和瓶子让我想起昔日的零乱，原先的注释和思考过程中写就的贴纸上面打了无数个问号，那是研究人员每天的功课。在种子方面，植物的多样性是巨大的。种子和种子之间太过相像，通过外皮的色彩、棉质或膨胀填充物、不同的钩刺来区分，钩刺用于挂在哺乳动物身上或是随风飘浮。天堂鸟的种子还装饰着黄色小缨子，椰子的种子硕大而饱满，椴树的翅果带着翅膀。所有这些都表现出植物的坚韧不拔，不遗余力地将自己短暂的生命变成永恒。植物们会存在下去，因为它们睡觉，或用植物学家们的话说，是休眠，为了更好地保存萌芽的潜力。当然，不是所有的植物都会有凌波仙子莲花（*Nelumbo nucifera* Gaertn.）那样持久的生命力，它是中国的睡美人。有研究团队曾找到一些古代莲子，居然将它们从睡梦中唤醒了。在植物学家还不存在的年代里，莲花的种子已经在干涸的湖泥中等待发芽了。1 300年后，不需要多少努力，它们便露出了完美的粉色蓓蕾。

然而中国莲只是一个例外。那些在信封里或瓶底处等待的种子通常不容易醒来，它们给育种者带来的是希望，也是沮丧；这些育种人寄希望于一株弱小的苗拱开育种盒中的腐殖土。由于我们的许多资源都不可替代，有些是稀有物种，有些甚至已经消失，因此我们需要格外谨慎，反复试验。对这些植物而言，这些种子是最后的希望，希望繁育出多少年以来不再有人见过的种群。

在这样紧张的等待中，一位名叫乔治的旋花科（Convolvulacees）专家同行还在做试验；这位美国人用健谈的外表掩盖了他内心的焦虑，这样的情况与他贡献了一生的番薯属植物相比，在任何方面都很相似。

我一直在想，研究领域最终会留下个人性格的烙印，尽管很难说频繁接触棕榈科植物对我产生了什么影响；但乔治，一个爱开玩笑的天真的美国大男孩，是那类你愿意来个熊抱的人，这是美国人特有的美式大拥抱。旋花科是一种攀爬植物，它们会缠绕在附着物上，例如牵牛花，那是我们见过最多的植物。它们很有吸引力，却不易被识别，在没有花的情况下，植物学家无法确定面前植物的种类。眼下，这样的工作对乔治的情绪来说是极大的考验。这位美国人在2016年夏天来植物标本馆学习三个月，其间亲身经历了一个意外发现，由此心绪难宁。在他到处搜集来的大量旋花科中，一个标本图板一下子使他停住了手，同时激活了所有植物学家在整个职业生涯中所拥有的影像记忆。乔治看过几千片植物标本图板，只有这一片引发了他困惑的回忆，随着他一次又一次地观察采集，这一片与他所研究的种类渐渐清晰、交错起来，像是一个巨大拼图上缺失的那一片。是的，这株植物他在火奴鲁鲁的夏威夷植物标本馆中见过，那是十多年前了。当时由于植物的状况不佳，叶片遭到害虫侵蚀，鉴别工作便中止了。而巴黎的样本是19世纪中叶在马克萨斯群岛被一个名为加尔丹（Desire Edelestan Stanislas Aime Jardin，法国海军监察长）的人采集的。它有同样的蒴果、同样的茎杆，与小牵牛属（*Jacquemontia*）有同样的特性……到底是哪一种呢？再一次，乔治在我们储物架上的新发现与代表性样本正好相反。标本图板上陈列着两种缠绕在一起无法分开的植物，是小牵牛属爬在一株大戟上，植物标本保留了它们这一缠绵的姿势。乔治面对着两个秘密，而且很有可能发现新的植物品种。

于是他敲开了"山羊"的门，既然这个样本来自马克萨斯群岛，那么最了解情况的当属植物标本馆的倔头。"山羊"的头脑里存储着波利尼西亚的120个岛屿，他只需闭上眼睛回忆一下那些岛上的植物群。他延续了博物学家们长久以来形成的传统，因为波利尼西亚曾经吸引了形形色色的探险家，布干维尔和科默松，当然还有达尔文，以及乔治为他奉上桂冠的加尔丹。然而，这是为数极少的一次，我见到"山羊"面对乔治递过来的不知名牵牛花束手无策。学者歪着脑袋困惑地思考，他从来没有，确实从来没见过这株植物，无论是在希瓦瓦岛、塔瓦塔岛，还是努库希瓦岛[①]上，都没见过。我第一次看到他没有给出任何答案，"山羊"盯着那株标本，露出满是惊讶和难过的表情，因为他知道这个品种在那个群岛上不断被羊群啃噬，被大兴土木而摧毁，已经在这个世界上彻底消失了。

在没有花的情况下，这是他唯一可以说出的话。描述如果不完整，就既不能命名，也不能让它寄生在活着的树上。小牵牛属再也无法鉴别，它的植物标本图板将永久沉寂，成为无名战士的墓碑。然而，面对这个无情的结论，乔治并不服输。看到干枝上挂着的几颗果实，他的脑子里出现了一个疯狂的念头：让种子发芽。他笑着说："既然选择了植物学，我就不会让植物死去，种植就不会死。"让种子吸收水分，他要抓住这几乎不可能的机会。

今天，乔治还在等待。令他沮丧的是，栽培没有任何结果。

---

① 希瓦瓦岛（Hiva 'Oa）、塔瓦塔岛（Tahuata）和努库希瓦岛（Nuku Hiva），均为法属波利尼西亚岛屿，属于马克萨斯群岛。

# 四十九

其实我是一个乐观主义者，至少对植物的生存来说，我是乐观的。植物永远能够胜出，城市里的环境对它们是最不利的，然而它们无处不在，比在别处更令人赞叹。只要仔细观察，您不会错过点缀着马路边的绿浪。在街道的十米之内，可以很轻易地数出二十几个不同品种的植物在悠闲地生长。大家都在：害羞的蓝色勿忘我蔑视着汽车排气管；古老的车前草四处蔓延，尤其不怕脚踩马踏；还有来自远方加拿大的小蓬草，来自开普敦的窄叶黄菀。大城市的街道就是植物的大汇合之地，这里是植物群最佳的融合地点。一株毫不起眼的蒲公英可以遇到一个新品种，比如牛膝菊（*Galinsoga parviflora* Cav.），1990年南美寄给我们的一些种子从自然博物馆中溜了出来，巴西人管它叫白皮草（*Picao branco*）。后来我在几千公里以外的巴西圣保罗附近的牧场上遇见了它。

然而，为了让绿植感觉舒适，必须撬开沥青路，揭开这个封闭了墙与道路的防水隔离带，插入一长条土壤地段让植物们在此扎根。就在此前不久，艾莫南先生告诉我，他在巴黎市中心磨石建筑外采摘了很多只在乡下盛开的蜀葵。如果我听从自己的意愿，我会是第一个去给这灰色沥青路砸下一镐的人。

现在，我只能想象着塞纳河涨水会浸湿我们"密集型"抽屉里的东西，那时植物标本馆就会开始发芽，先是胚芽，之后悄悄地在储物架上安静地冒出新芽，蓄势向天空与有光线的地方迅猛生长。它们当中的一枝将钻出分格柜的缝隙，之后大家都按照完美的科属秩序找到出口，香桃木在甘蓝菜边上，欧石楠陪伴着青椒、向日葵和菊科植物。一旦到了外面，分类就不管用了，植物学家如此精心打造的概念大厦在一往无前的藤本植物面前顷刻间瓦解。钻地风（*Schizophragma*）这种攀爬的绣球花开着乳黄色的大花朵，会攀住外挂空调的管子，将花儿开满窗户的边缘，叶子拂着玻璃窗。在建筑物跨梁的掩护下，一棵中非毒籽山榄（*Moabi*）开始慢慢长大，在枝叶的支撑下准备掀开房顶让风吹过来，让太阳照进来。房顶一旦被掀起，植物便开心地在巴黎的屋顶上露出头。它能长70米高，那时它便可以与巴黎圣母院一较高低了。那将是一座森林的创世，生命的意愿让植物标本馆变成废墟，一个统一的、野生的全球植物群游走在巴黎的街道上。好在，塞纳河的涨水还威胁不到植物园，但是要当心，植物们正悄无声息地在人行道下面密谋着什么。

古老的科卡河①没有停止过流动，2008年，它开始涨水，不断地涨高，外溢，吞噬桥梁。那是在哥伦比亚、秘鲁、厄瓜多尔交界处，亚马逊森林摇动着它的蛇发女魔蓬松的鬃毛，支流纵横交错，形成多水的茂密网络，从地图上看来那么安宁，却在独木舟下如此喧腾。倾盆大雨中，河床在涨高。黑色的河水富含腐殖质、铁和树皮单宁。因为亚马逊河谷的长发水系浸在更加宽广的发系河流中，亚马逊森林的根系形成一个无限大的根茎与侧根网，将密林与大河紧紧连在一起。浸泡在亚马逊温暖的河床上，植物的根又破坏了水系。水流向大路，村民们靠它喝水，喝温热的黑咖啡。但这一切都无法与天水的暴力相比，赤道上的阵雨下得异常暴烈，河水似乎要沸腾起来。

不是河水，而是森林最终要将我们吞噬。三位矮胖的厄瓜多尔人和晒得黝黑的克丘亚印第安人在山腰上引领着我们。苏马科纳波-加莱拉斯②是我这辈子走过的最艰难的地区。三个星期走在生物保护圈的大烤炉里，头上是滴水的树叶和茂密的绿色天穹，只在少见的几片岩石断层处能见到天日。猛烈的雨水被林冠抵挡了一部分，但泥泞的土地将我们彻底击败，每一步都是要摔倒、滑倒和滚到科卡河水里去的节奏。克丘亚人有结实的大腿，步步稳健，他们边砍树叶边继续前行。这里生长的

---

① Rio Coca：科卡河，位于厄瓜多尔东部。
② Sumaco Napo-Galeras：苏马科纳波-加莱拉斯，位于厄瓜多尔。

大部分为灌木棕榈树，不过80厘米高，不时冒出些红色的光束，网子椰属［*Dictyocaryum lamarckianum*（Mart.）H. Wendl.］，这是一棵为纪念拉马克而以他的名字命名的棕榈树，其电纺锤形树根向上冲，在暴雨中显得很高。有时候雷电一击，远处会有一棵树倒下，顺便带倒好几棵周边的树，看得我们目瞪口呆。

我们贪婪地采集着，从日出开始，直到天完全黑下来，每天要采集几十个样本。走在前面的三个向导精力充沛，他们的动力来自一种水烟枪，里面装有紫色的发酵木薯汁。开始他们有些保守，后来变得异乎寻常地慷慨，因为他们终于明白我们对其国家植物的热爱，甚至不知从哪里给我们弄来了兰花以表达他们的敬意。其中有一位还兴奋得手舞足蹈，在泥地里打滚，打了个盹儿之后毫不费力地追上我们。三个人偷猎着小鸟和一闪而过的哺乳动物。他们逮到一头带斑点的野猪，还有一只刺豚鼠，那是一种很可爱的小动物，也是林奈描述过的动物之一。小东西临死之前挣扎了好久，呼气的间隔越来越长，在我的请求之下，他们终于结束了它的煎熬。第二天早上，它的胆囊便被当作护身符挂在露营地蓬布下面的炉堂上。

暴雨使我们不得不寻找一处结实的躲避场所，不再睡吊床和蚊帐，找到一间暖和的小房子住，虽然房梁破烂不堪。我们的脸上湿漉漉的，睡梦中都是溺水的感觉，直到闹钟把我们惊醒。在这间破房子里，我听到一阵不安的声响，便打开头顶灯。

灯光照到一团毛茸茸的可怕东西，在此之前我从未害怕过蜘蛛，可是面前的狼蛛有一个碟子那么大。见我惊骇万分，我那天不怕地不怕的同事抄起一把扫帚就打了过去，于是我的睡袋下面留下一团令人发指的黏糊糊的毛发和断腿。第二天早上，克丘亚人还为此笑话我们。那只狼蛛根本没有攻击性，它在这里生活了很多年，而我们把村里人的吉祥物给打死了。

这几个家伙不是吃喝就是大笑，讲些蛇呀叶呀的美妙故事；他们嬉笑打闹，想必是吃多了油腻的食物，需要放出肚子里的胀气。只有到了晚上，大家围着篝火，探险才变得美好起来。但对一整天采集植物样本的我们来说，第二次战役才刚刚打响。热带雨林中的倒计时开始了，要与威胁着采集样本的潮湿和腐烂做斗争。白天采集时样本已经编了号，被随手塞进大塑料袋。有时我们需要把报纸用酒浸一浸来防霉，事先用硅胶进行采样以保存DNA。如果最终能够找到一家旅馆，就必须彻底打开所有的包装。我们会在楼道里摊开采集的样本，在干净的地毯上打开成捆的采集物，去掉被成群的小飞虫损坏的叶子和其他杂质，然后连续几个小时甄选和压制。有一次在爪哇岛探研，一个门卫气愤地把我们的东西全部扔到了街上，正好扔到卖榴莲的商贩旁边，这种亚洲带刺的硕大果实散发出令人作呕的气味。那天晚上，我们把样本一一摊在路边，扮演临时夜间小商贩。我从未吃过这么多的榴莲，孩子们在街上跑跳玩耍，我们则开怀大笑。

只有夜晚回到简陋的房间，一切才安静下来。我们必须先把最潮湿的植物放进一个枕套里，打开吹风机整夜地吹，之后才能够扑到床上睡上一觉。夜晚是美好的，也是短暂的，所谓的床就是挂在两个树桩上的吊床。这世上没有什么地方能像森林让人睡得那般深沉，犹如一首交响乐的尾声。可惜宁静的时间难以持久，到了早上，猴子们便开始大叫大嚷，鹦鹉也不示弱。新的一天开始了：我们套上僵直和潮湿的衣服，腰酸背痛，身上布满蚊虫叮咬的痕迹和各种抓痕。这些都是热带雨林探险中再平常不过的事情了。

# 五十

　　经验告诉我们，不愉快的经历很快便会被人忘记。它们会留在记忆深处的某个角落，上面铺满了大自然的壮丽景色。

　　马达加斯加的一个深谷可以吞掉一切不幸陷进其中的东西——鞋子、袜子、脚、胫骨、大腿，必须费尽全力挣脱才会归还给我们。我们光着脚行走在沼泽中，腿上沾满了蚂蟥，甚至能听到它们恐怖的吸血声响。跟随我们的一位矮胖向导，吃起零食来毫不含糊，自探险队的食品箱陷入沼泽地后便一言不发。我们已经精疲力竭，在夜晚即将来临时到达拉博纳，山谷中最后一个小村落。然而，第二天一大早，只需一首小曲便可抹去前一天的所有苦难。太阳升起，在稻田中央的那些破船上，孩子们唱着歌驱赶鸟儿，他们的歌声回响在山谷中。每当我回想起那一天，脑中浮现的并不是马达加斯加艰苦的历险，而是这些琐事，大狐猴们的交响合唱，还有米妮娜太太的大笑，她的笑声带走了一切，也带走了疲劳。在土坯房里，我的勺子盛不下硕大的塔那那利佛豆角，而有我笔记本那么大的螳螂在我们头顶飞舞着。一旦螳螂飞近，米妮娜太太便一把抓住它扔进火里，瞬间，螳螂的体液在火中发出嘶嘶声，随即消失不见，带走了我儿时的恐惧。其间，厨娘还用她手中的大汤勺一下子打在从后面悄悄接近的大蟒蛇身上。在这粗陋简朴的生活中，米妮娜太太以她特有的方式镇静地主宰着生物的多种形态。

烂泥，无论是在拉博纳，还是在苏马科纳波-加勒拉斯，我们如此憎恨的烂泥都无所谓了。当我想起亚马逊森林时，我重新看到了根系深扎在黑色的内格罗河中的王莲属（*Victoria*）植物。对它而言，烂泥潭也是宝藏。在箭一般冒出来的天南星科（*Araceae*）中间，在独木舟下，她躺在那里，展开完美的圆叶，这种特别的脉序成就了伦敦水晶宫温室的玻璃窗。其设计师约瑟夫·帕克斯顿[①]是第一位种植这种大型莲花的人，莲花叶面上可以坐一个少年。也许这便是阿当松所言"世界的诞生"中的一个意象。河面上浮出的那捧翠绿，值得用生命和路途去追求，也可以在无人知晓的烂泥潭里经历一次恐慌。

---

[①] Joseph Paxton：约瑟夫·帕克斯顿（1803—1865），英国园艺师和建筑师，伦敦水晶宫的设计者。

# 五十一

奥古斯特·德·圣-伊莱尔[1]一共去过两次南美，第一次是1816年，之后是1830年。他走遍了这片土地，70多岁时在法国中北部卢雷瓦省的住所安然去世。但是在自然博物馆的围墙之外，他的名字并不为人所知。我心想，这又是一位被遗忘在热带雨林中的人，之后才发现，巴西人很重视他们两百周年的迁徙。这位博物学家在他们那里已经成为民俗的一部分，这位严肃的学者身边总是伴随着一帮快乐的骑着骡子的当地人，他们是些戴着有霉斑帽子的印第安人，甚至在卡沙夏酒[2]瓶标签上也印着圣-伊莱尔消瘦而伤感的面容。在机场的每一家纪念品商店里，都能遇到这位博物学家，还有他自新大陆望向远方的明信

---

[1] Auguste de Saint-Hilaire：奥古斯特·德·圣-伊莱尔（1779—1853），法国植物学家、旅行家。

[2] Cachaça：卡沙夏酒，以甘蔗汁为原料酿造的蒸馏酒，原产于巴西。

片。马克·皮尼亚尔①是我在自然博物馆的同行，他告诉我，当他穿过米纳斯吉拉斯②的村庄时，孩子们追上来欢迎他这位新来的圣-伊莱尔。当时这位博物家多次参与对新大陆自然财富的了解，他在巴西待过六年，带回来大量的昆虫、鸟、哺乳动物和爬行动物，外加8 000多种植物。

在皮尼亚尔的带领下，我们的四人植物小分队做好准备，从圣保罗开始一程一程地重走圣-伊莱尔当年的路线。毋庸置疑，当年他所走过的地方早已变了模样。因此我们的目的并不是去证明什么，而是去量化四百年前欧洲人踏上这片土地后，人类活动对这一海岸所产生的影响。随着人们在海岸线上建起各种商行，殖民者用斧头砍掉了大西洋沿岸森林（葡萄牙语为 *mata atlantica*）那丰厚的绿色地带。那里曾是一条潮湿和物种丰沛的缎带，青翠的草木上覆盖着一层红色，那是苏木属的一个物种：巴西红木（*Caesalpinia echinata* Lam.）。它们生长在干燥的土壤里，面朝大海，以其结实和红色的心材而闻名，随即引起外来者的垂涎。16世纪，200万棵这种紫色原木被运到了旧大陆，起初用于染色，后来用于制作小提琴弓。这一切彻底改变了当地沿海特征，砍伐使得巴西红木逐渐消失。100年之后，巴西红木不再出现在风景中，取而代之的是甘蔗与咖啡的种植

---

① Marc Pignal：马克·比尼亚尔，法国博物学家。
② Minas Gerais：米纳斯吉拉斯，巴西东南部的州。

与商贸往来。农业种植渐渐蚕食了大西洋沿岸森林的大片绿色植物。1816年，当圣-伊莱尔参观巴西时，对"来钱木"的贩卖已经接近尾声。在圣保罗地区，漂亮的乡间镶嵌工艺、田野和矮树林混杂在一起，向植物学家提出警告："这些矮树林难道不是原始树林的残余物吗？而这些树和草的装饰艺术品难道不是原始植被的缩小版吗？"

　　今天，大西洋沿岸森林只剩下几处破败的林子，而圣保罗周边几乎什么也没留下。我们行驶在一片广袤的平原中央，其丘陵地形很像当初圣-伊莱尔所描述的样子。一眼望不到头的平原上有一座养殖场，一切可给予的都献给了牛羊。从远处看上去，小山丘像是长了尖刺的海胆，地势陡峭的地方，奶牛们无法上去吃草，那里的草原就成了森林，却是一片干旱的森林：光秃秃的树干摩肩接踵，像火柴棍一样细长，纤弱苍白的小树间或被砍断。人从地上走过，脚下的枯枝落叶沙沙作响。这里的森林是贫穷、火烧和断裂的代名词。蓝桉树已经吸干了丘陵的全部水分。

# 五十二

　　蓝桉树（*Eucalyptus globulus* Labill.）生长速度极快且长势极好，四年能长四米。为了抵抗干旱，它的根系长成球状，还有储备芽以防火灾。它的木质很坚硬，是制作纸浆的不二选择。种植桉树更有利可图，其价格堪比黄金，但它的根系要大量吸收水和土壤中的养分，叶子会分泌出一种极易燃烧的物质，即桉树油，在空气中散发出蓝色和薄荷色。

　　在原产地澳大利亚，桉树林常常笼罩在它散发出来的薄雾中，林中落下的树枝与雾气让漫步者沉浸在被揉搓过的薄荷味中。在这些森林中，桉树从来不是独一无二的树种，它总是伴随着一大批与其生物特性相符的树，可能是莲座状剑叶百合（*Doryanthes*），或是堆成一簇植物丘的彩穗木属（*Richea*）。

　　巴西的植物群落和生物群落对这种奇怪的树一窍不通。大自然对它敬而远之，因为它强大的噬水性和杂乱的落叶会让土壤寸草不生。可惜的是，人类却在继续种植桉树。巴西人需要出口纸张和牛肉，于是不断扩大桉树种植面积；山坡太陡了，岸边的森林就变成商业森林。巴西全境的红木已所剩无几，而数十万棵桉树则在迅猛地生长。

我们心情沉重地走到山丘顶部，把目光投向平原，希望看到一些远方的绿洲。可在人工过度干预过的地方，绿色简直就是海市蜃楼，那也是林木最后的几滴眼泪，而这些资源从前远比亚马逊森林要丰富。通常可以看到一条长长的影子，那是山谷深处一株孤立高大的玉蕊树（*Cariniana*），可能是因为它的树荫或是它的美丽而存活下来。我们猜想，它长这么高一定是勉力向上寻找阳光。仔细观察一下，看得出它的脚下从前是一整座雨林，许多蔓生植物从土中长出来，顺着它的树干从下面一直长到树顶。这株玉蕊树是幸存者，是巨树中的巨树，树之海洋"死亡的记忆"。

我们时而行走时而在路边停下来采集，这些植物把我们这一路景色的来龙去脉都显现出来。圣保罗乡下的色彩是各种蔬菜调色板，已经不属于巴西的植物群落，而是全球化了。

原产于澳大利亚的桉树吸干了大地，为了保持土壤，开发森林时又种上了来自亚洲的竹子，其匍匐延伸的根系能起到固定土壤和减缓侵蚀的作用。农业也给这片土地带来些许异国情调，有非洲本土快速生长的糖蜜草和禾本科草，那是养殖户的小牛犊最喜欢吃的。我顺手捡起一株含羞草，花枝已被水沟弄弯了。我想到，由于引进桉树和竹子，肯定也有其他植物被边缘化了。无形中便增加了该地区外来的植被数量，这棵银荆（*Acacia dealbata* Link.）就是例证，它那粗壮的主干已在此安营扎寨。这种金合欢在别处是为了起装饰作用，也可以保持被农业耕种破坏的土壤；但是由于成功地在乡村繁殖起来，从法国到西班牙的许多国家都视之为过度侵害植物。它在当地的植物群中占有一席之地，甚至改变了河水的走向。在巴西，耕种和种群混杂导致土地贫瘠，河水见证了环境的枯竭。

然而金合欢不过是开着毛茸茸花朵的无害植物，由两位植物学家班克斯[①]和索兰德[②]介绍给了英国，正如爱因斯坦不明白炸弹的威力，两位植物学家应该也不知道金合欢带来的危害，从而造成种群混杂的后果。吉勒·克莱芒[③]的园林理论正是基于此，此举后来被称为"行星花园"，即无节制地跨越国境、田间和花园藩篱的物种传播。巴黎植物园便参与过这种异国物种的大量传播行动，从牛膝菊（*Galinsoga parviflora* Cav.）到大叶醉鱼草（*Buddleja davidii* Franch.）。谭卫道神父曾弯着因关节病而僵直的老腰，在中国西部的一条冰冷的急流边采集到它们的紫

---

① Joseph Banks：约瑟夫·班克斯（1743—1820），英国探险家和博物学家。

② Daniel Solander：丹尼尔·索兰德（1733—1782），瑞典自然学家和植物学家。

③ Gilles Clément：吉勒·克莱芒（1943—　），法国园艺师、植物学家、昆虫学家、生物学家和作家。

色花葶，随后寄给巴黎植物园和育种人。他寄来的种子长势良好，园艺师们很快便接受了这种小树，开始在各地繁殖，大范围传播，其成千上万个花序上的花朵继续繁殖。有侵略性？可能吧。一般能够吸引蝴蝶的树都不娇气，它们喜欢贫瘠的土地，铁轨边、高速公路边都可以生长。它在哪里开花便说明哪里的土地已被蹂躏，那是对大自然的浩劫和衰竭所发出的紫色警告。

所幸，圣保罗乡下给我们留了些许小惊喜。当时我们正在寻找一种名叫金山葵 [ *Syagrus romanzoffiana* ( Cham. ) Glassman ] 的棕榈科植物，它在法国的蓝色海岸随处可见，在其原产地却踪影全无。它只长在高处、陡峭的山坡上，远远看上去像是云集了许多五彩缤纷的鹦鹉。所以，那天我们刚把车停在宾馆停车场后面，便毫无悬念地在挡风玻璃后面看见了它。就在我们面前，像是一直在等着来取我们的行李。只要从后备箱中拿出吸水纸就可以采集金山葵了。

晚上，我们聚在大堂里将地图一点点地梳理了一遍，看看圣保罗的哪个地方还会有一小片原始植物群。梳理到中间，有人发现了一条远离道路的小溪。可惜呀！到了当地，我们只看到一条快干涸的小水沟，水流被牛羊蹄踩过，最终消失在一个小山后面。我们刚要扫兴地离开牧场，马克·皮尼亚尔走上小山顶，指向一块告示牌，上面说，在此之前的几百年，圣-伊莱尔曾骑着驴子来过这里。这个地区基本上保存完好，这位博物学家在我们之前找到了许多品种。

　　哪怕是在最贫瘠的土地上，也总会有奇迹出现。在马里，从尼日尔河岸到巴马科城，农民本能地蜷缩在城市中心的烈士桥下面耕种，形成方块蔬菜地，其间有独木舟行走，这里有十来年没见过河马了。城市之外的大草原上，农业仍是刀耕火种，因此培育植物的工作不断被打断和焚毁。为了恢复土地肥力，农民们放火，让火在几平方千米的草原上燃烧。在树干被烧黑的地带，在覆盖了灰烬的土地上，我观察着木本植物的反应。在这样荒凉的土地上，有些景象让人惊诧不已。在旱季，橙黄色的木棉属（*Bombax*）花和淡黄色的弯子木科（*Cochlospermum*）花像珠宝一样盛开在土地上，那是尘土中发出的希望与倔强的信息。我们睡在露天营地，在西非最美的苍穹下，瘤牛在那里觅食。当雨季最终到来时，自然风干的小虾们在三天之内活了过来，水洼里也长出了草。最令人惊奇的是，上百只水龟在污泥里经过了几个月的休眠，终于可以在神迹般的水坑里扑腾了。

# 五十三

这里早已没有森林的影子，它完全消失不见了。

在巴西，桉树及单一品种的种植并未形成森林，而是形成苍白静谧的魔鬼模样，是生态系统的无个性化。这，便是绿色地狱。

"处女"林并不像我们想象得那么可怕。奥古斯特·德·圣-伊莱尔在《巴西之旅》中嘲讽地写道：原始森林让土著与殖民者如此害怕，他们跑到林中空地上缩成一团。不，绿色地狱并不是穿越了整个巴西的无边无际的森林。那么，到底是什么形成了人们群体无意识的树木繁茂的恐怖意象？童话里、电影里都在描述危险的森林，里面是奇形怪状的树杈，可以划破面颊，扯破衣襟。

这也不是真正的森林，而是人类活动把它们变成这样。植物学家也经常会遇到这些难以穿越的荆棘丛生地带，那是因为树被砍断了。砍断的森林是这样愈合的：在砍光了树木的土地上，以往深埋在林间灌木丛中的许多种子因为见到阳光而苏醒过来，长出了幼芽。这些品种的新陈代谢很快，只要有阳光便可以生根发芽。嫩枝毫无节制地长成茂密而坚硬的荆棘，变成令人难以接近的植被。要想前进只能披荆斩棘，没有人能够毫发无损地从次生林中走出来。

植物学家的任务是深入其中找到生物多样性最大的地方。但当土地已经变得"野性化"时，所有这些灌木丛区域都挡在古老的次生林、然后可能是原始林的前面。寻找时间可能是三个小时，也可能是三天，可能永远也找不到那片森林。老挝就是这样让你走，一直没有尽头地走，让你愤怒，因为每一步都走在混乱不堪之中。

走到一座古老的森林中央，就像是重新找到了迷失的路。当然没有什么真正的路，但身体的感觉是一样的，空间感回来了，气温降了下来，闻到了腐殖土的气息。连与声音的关系都改变了，鸟鸣与昆虫声在增加，填满了空间。"处女"林有些柔软、稳定的东西，每一棵植物都是有安排、有结构的，形状各异，妙不可言。壮美啊，这才是真正的热带雨林。

矛盾的是，令我们感到恐惧的森林变成荆棘林的过程，同时正是森林自愈的过程。由于没有了大树，次生地带虽品种贫乏但阳光充足，慢慢形成了树影。这就让另外一些种子得以发芽，让嫩芽长出的叶子不致被强烈的阳光所灼伤，也让那些喜阴的植物在树荫的庇护下生长。这一机制造成更加复杂的环境，慢慢地丰富了植物种类，包括大树、灌木和各种苔藓等。正是在这样无限漫长的过程中，森林重生了。

不管是在巴黎还是在纽约，大家都知道人们在砍伐树木。只是因为有人告诉我们，我们才知道这一点，但没有人能够切身感受到资源的枯竭。"超源日"是一个预言日期，即预言人类消耗了多少地球在一年中所提供的资源。要想理解这个概念，只需想象一下走入荆棘纵横的地带。这才是恐怖电影，恐怖音乐响起，继而绿色地狱出现了。

童年时代的一天清晨，我还睡在床上，闹钟发出的声响让我听到了砍伐森林的咔咔声。那是早上7点，收音机开始自动播放，而电锯的巨响把我从睡梦中惊醒。我睁开眼睛伸出头，在黑暗中摸不着头脑：我到底在哪里？森林在哪里？是哪里发出了轰隆隆的马达声？为什么刚刚响起却因有人大声说话便嘎然而止？在暴发的那一瞬间，我才意识到自己有惊无险地睡在床上。在树叶的哗哗声中，一棵大树轰然倒下，带倒了周围的树枝和小树，砸到地上的石头，惊扰了叽叽喳喳的鸟儿。木质纤维在扭曲中吱嘎作响，穿透了我的耳膜。一大堆土被抬起又重重地落下，震得大地在抖动。眼看藤生植物被拉扯断，我只能紧紧地贴在床上，这一天始于拉伸的伤口，直到永远。在几个

世纪的漫长岁月中，这棵树一直在生长，甚至可能看到圣-伊莱
尔从它面前走过。

圣-伊莱尔是否怀疑过未来等待圣保罗宜人乡村的是什么？
那时的博物学家并不担心生态系统的最终结局。森林和草原在
他们眼皮底下像他们所记录的一样无限伸展，因为确实一望无
际，殖民者甚至博物学家都毫不犹豫地从中大量获利。

在波多尔①，阿当松坐在一动不动的船里感到无聊。为了打
发时间，他就射击猴子，23米打23只猴子。赤猴遭遇屠杀，惊
恐地从一个树枝跳到另一个树枝，发出它们特有的孩子般的叫
声。"世界的诞生"在此失去了意义。即便是在塞内加尔这样遥
远的乡下，因为灌木挡道，他这个所谓非洲人便放了火。八天
之后，他得知火还在继续燃烧，感到颇为满意。

一个世纪以后，在巴西，圣-伊莱尔追逐着森林，那些雄伟
的森林，广袤、美丽而微不足道。他毫无表情地走过，甚至不
做任何努力去描述它们。在写给读者的一封信中，他只是在想，
巴西有这样令人赞叹却百无一用的植被，有一天被五花八门的
植物所替代时，会不会有人感到惋惜。在这一点上，巴西步了
欧洲的后尘，后者在此之前很久便放弃了茂密的森林，代之以

---

① Podor：波多尔，塞内加尔城镇。

树篱围起来的田地与草场。这是一个不可阻止的过程，圣-伊莱尔尽了一个植物学家的责任，向人们提供了原始植被消失过程的资料。

海岛上，情况更是让人担心。在毛里求斯岛，普瓦夫尔和科默松曾经见到的无限植被只剩下一片被精确界定的土地。在这个印度洋的岛上，开垦海洋木材和种植糖料的投机活动对森林造成了无法弥补的破坏。其所引发的环境恶果暴露无遗：港口的淤积阻碍了渔业，降雨减少妨碍了农作物的收成，使得饥荒恶化了。而殖民者与奴隶的数量还在不断增加。为了人类，为了自然，必须采取严厉的措施。于是普瓦夫尔制定了保护自然法，率先建立起海洋与山脉的保护区，还建造了庞波慕斯植物园，对农艺方面的尖端技术进行试验，保护外来物种。生态学终于得见天日，它将拥有更加广阔的未来。

# 五十四

如果说谁最理解森林，那一定是帕特里克·勃朗。跟他一起进森林，就是重新认识森林。

我第一次跟他探险是去马里。他对每一株曾经见过的植物都如数家珍，我佩服之极。跟着帕特里克走进灌木丛，就像是进入他自家的热带雨林做客。他熟悉每一条小路，每一片岩石周围都有一众他叫得上名字的植物。这就是他的指南针，他的头脑里像是有一个以树叶形状为导向的航海系统。比如前面十字路口的这棵龙血树（*Dracena*），从左边转过去，一堆岩石上爬着一群水榕（*Anubias*）植物……总之，停不下来。帕特里克可以带着您去周游世界，只是为了细心地介绍每一株植物。然后，他谈起秋海棠（*Begonia montis-elephantis* J. J. de Wilde）是"一座独一无二的微型滴水悬崖"，还有小株龙血树多么优美。说完，帕特里克突然唱起歌来，不是哼唱，而是大声唱歌。埃迪特①、扎拉②、厄恩萨③，这便是音乐与植物。

帕特里克发明了植物墙，但在此之前，他想到的是植物伦理。他的家离巴黎很近，已经淹没在植物的雪崩中。住在这些树叶中间，他最终领会到什么是植物最亲密、最文明和最个人的东西。因为在儿童时代就痴迷于这种衍射光，我坐在叶子下面就如同坐在电视机前，它是植物能量最核心的部分。我当时并不知道这一点，只是整小时整小时地坐在那里，看着它们的气孔一张一合。我们并不了解植物这个缓慢的动作，是帕特里克破译出来的，他从器官、茎、根的角度去审视它们。他可以提前30天就预言蔓绿绒（philodendron）要长出两片新叶子了，还知道老叶如何让开位置好让新叶顺利接受阳光。由于他总是能事先知道植物的走向，因此他知道在哪里能找到它们，哪怕是透过一辆正在行驶的汽车的玻璃窗也能识别出来一株埋在泥浆中的睡莲会从小溪里探出头来。

在实地考察时，他不会停下脚步，像是被植物牵引着。每一丛矮树，每一个塘池都在召唤下一个去处。在喀麦隆，我们的返程飞机晚点了，将在雅温得④夜间起飞。这就多给了我们一下午

① Édith Piaf：埃迪特·皮亚夫（1915—1963），法国著名歌手。
② Zarah Leander：扎拉·利安德（1907—1981），瑞典演员和歌手。
③ Eartha Kitt：厄恩萨·基特（1927—2008），美国演员和歌手。
④ Yaoundé：雅温得，喀麦隆共和国首都。

的时间到高速公路附近查看一片残留的植被。我们需要越过一片油棕种植林到达一处水流。在崎岖不平的土地上，那条水道比看上去的要远。下午6点天就黑了。大约在5点30分，天色暗了下来，我开始担忧，但帕特里克根本不看手表，继续往前走。

越往前走，夜色越重，最后什么也看不见了。我的内心升起一股慌乱，眼睛看不见东西，大自然变得狰狞起来，而我们无能为力。动物们很精明，趁人类夜间不出门，天一黑便开始探头探脑。我们只能跟着感觉走。远处，一阵马达声打破了静谧。在黑暗中前进时，时间显得非常长，我们伸出双手摸索着往前走，直到有车灯照亮我们所在的地方。我们站在一个3.5米高的垂直坡上方，下面就是公路。我拽住草开始向下滑，而帕特里克在我上方向下查看。时间在一秒一秒过去，我见他犹豫着，突然听到他以极尽严肃的口吻在问："卡特琳，她当初如何在那样的情况下保持了尊严？"我一直没弄明白他说的是哪一部电影，但我想象的场景是，卡特琳·德纳芙①被困在高速公路尽头的斜坡上，非洲之夜把她封闭在一个陷阱当中。

帕特里克不惜一切代价接近植物，他竭尽全力，总是以各种不可能的姿势拽住树枝攀爬。

---

① Catherine Deneuve：卡特琳·德芙纳（1943—　），法国女影星。

　　帕特里克最早爱上的是水生植物，可能也是由于这个缘故，我特别喜欢他。他让我想起我的童年，他总是忍不住自己的好奇心踏进没过小腿的水洼里搅动一番。当然这是绝对不该做的事，因为在我们出发去勘探之前，总有医生提醒我们基本的注意事项，包括大部分寄生虫病是通过水传播的。流水还行，但死水则趁早滚开，是我们唯恐避之不及的。然而，就在雅温得城郊遇到的第一个池塘，由于没有化粪池，所有的排泄物便流入池中。帕特里克不由分说跳了进去，因为他看见一株海菜花（ *Ottelia* ）。他笑得很开心，把学生们聚拢来大声说："同学们，这是件好事，这就是血吸虫病不可多得的发病地点！"血吸虫、蠕虫、变形虫什么的，都会带来人们闻之色变的流行病，他却觉得好玩。在马里，我们的勘探因遭到一群黄蜂的追逐而草草结束。我眼见帕特里克疯了一样迈开长腿逃命，步伐大得犹如他那硕大的人字拖鞋，他只被蜇了几下。

　　最近我得知他患上了丝虫病，好在对他而言并没有什么伤害。帕特里克身体很结实，一些疾患他最终可以轻而易举地扛过去。当然，像有些人一样，他身患寄生虫病。帕特里克·勃朗身上有丝虫、蠕虫、线虫在侵袭他的机体。弗朗西斯·阿莱的脑门上有一处利什曼病留下的红色伤痕，那是被什么东西蜇咬之后因感染而留下的。对我们来说，这都是稀松平常的事。一旦我们沾染上热带雨林，就会在身体里留下印记。

# 五十五

　　尽管我们的很多先驱者没有运气进入要采集标本的国家，但据我所知，没有人对失踪的博物学家进行过统计。下面这份名单我认为很有说服力，虽然统计时间从19世纪开始，只有300年。祈愿根特皇家园艺与农业协会原谅我窃取了他们的摘录。没有墓碑，这份名单表达了我对所有因公殉职的同行的敬意。

　　旅行家植物学家，因热爱科学事业而献出生命。1815—1845年：

　　1816年：斯米特（Smith），刚果，在一艘远航船上死于疫病，同船只有船长幸免于难。

　　1819年：巴尔德温（Baldwin），美国，在岩石山上长久行走后死于疲劳。

　　1820年：范阿塞尔特（Van Hasselt）和库尔（Kuhl），爪哇岛，在印度尼西亚进行两到三次远足后死于恶性发热。

1821年：芬莱松（Finlayson），泰国，因极度衰竭，被送上回苏格兰的海船，随即去世。

1822年：雅克（Jack），印度尼西亚苏门答腊，印度尼西亚的恶劣气候影响其健康导致死亡。

1823年：福布（Forbes），莫桑比克，在溯赞比西河而上时死于发热。

1824年：布罗希（Brocchi），几内亚，在冈比亚河沿岸遭到非洲雷暴袭击，死于急症。

伊尔桑贝格（Hilsenberg），马达加斯加，死于布拉哈岛马达加斯加热病。

1828年：奥谢－埃卢瓦（Aucher-Eloy），伊朗，在伊斯法罕死于疾病导致的极度衰竭。

肖里（Choris），墨西哥，33岁生日那天被小偷杀害。

1829年：拉迪（Raddi），希腊，在追踪蝴蝶时死于沙漠中，此信息有待确认。

1831年：贝特鲁（Bertero），大溪地，在前往智利的船上去世。

1832年：雅克蒙（Jacquemont），印度，在孟买感染病毒性肝炎去世。

鲁（Roux），印度，在孟买死于鼠疫。

1835年：德吕蒙（Drummond），古巴，死因不详，没有收到他的死亡通知书。

弗兰克（Franck），美国，在新奥尔良死于黄热病。

1838年：邦克斯（Banks）和瓦利斯（Wallis），美国，溺死于俄勒冈州入海口。

1839年：巴格莱（Bagle），阿根廷，在布宜诺斯艾利斯被捕6个月后身亡，去世时脚上仍戴着脚镣。

道格拉斯（Douglas），桑威奇群岛，落入野牛陷阱后被野牛用角顶死。

1840年：艾伦·坎宁安（Allan Cunningham），澳大利亚，误入沙漠地带，被当地的部落土人杀死。

埃尔费尔（Helfer），印度，新年元旦被安达曼和尼科巴群岛的居民砸死。

皮埃罗（Pierrot），爪哇，死于印度尼西亚热病。

格里菲思（Griffith），中国，细节不详。

1841年：科尔松（Corson），帝汶，患上一种间歇性发烧，40天后去世。

马修斯（Matthews），秘鲁，气候原因造成健康问题导致死亡。

沃热尔（Vogel），比奥科岛（原名费尔南多波岛），死于几个月发烧不退。

狄龙（Dillon），阿比西尼亚（今埃塞俄比亚），死于热病。

出事前当地人曾警告他，雨季过后如冒险进入马雷尔谷地，会患上某种疫气。

1843年：珀蒂（Petit），阿比西尼亚，下半身被鳄鱼撕咬致死。当地人曾警告他穿越尼罗河有危险，因河水流速不快。

坎宁安（Cunningham），艾伦·坎宁安的兄弟，澳大利亚，死于寒冷与贫困。

后面还有许多只有名字和目的地的情况：

巴西：巴达罗（Badaro）、雷什贝热（Rechberger）、塞洛（Sellow）。

哥伦比亚：斯坦贝伊（Steinbeil）。

墨西哥：德普雷奥（Despréaux）。

塞内加尔：厄德洛（Heudelot）。

西伯利亚：基里洛（Kirilow）。

阿尔及利亚：博韦（Bové）。

印度：格雷厄姆（Graham）。

还有一些人，他们的生与死只由一句无情的代用语加以总结。

8名博物学家，都是年轻人，一齐出发前往巴达维亚，没能到达目的地。最终这份名单的作者将德莱塞尔（Delessert）当作殉道者，1843年他在古巴因病去世，年仅28岁。

这些旅行者大部分死于30岁之前，死于"花样年华"，这条俗语说的就是他们这样的人。

在一些地方，只需看看当地的天气预报就知道那里是死亡之地，渐渐地然而是坚决地，这些地方用痢疾和疟疾消磨了一切英雄主义气概。

在另外一些地方，是不够谨慎的行为夺去了一些人的生命。这是阿方斯·德·康多勒①冷静的分析，他是这份罹难者名册的编辑。作为植物学家世代谱系中的一员，德·康多勒从未离开过瑞士，在自己的家中寿终正寝。

不过，康多勒也承认这些旅行家的冒失行为是情有可原的，当然，当初他们没能得到更多科学方面的帮助，但与其平凡的消失相比，他们所经历的一切是非凡的。另外，林奈做得很对，他的第一名学徒失踪后，那位年轻人的妻子当众污辱了他。对此，"北极星骑士"以科学家特有的严肃表现出极大的容忍。后来他只雇佣单身者，从而避免了寡妇的复仇行为。幸亏如此，在他后来派出的27个人当中，三分之一的人只有骨灰被带了回来。

---

① Alphonse de Candolle：阿方斯·德·康多勒（1806—1893），法国、瑞士植物学家。

# 五十六

为了培养未来的接班人，自然博物馆于1818年开办了一所旅行者临时学校，旅行者可以在学校里学习航海知识。三位刚刚从学校毕业的环球旅行者中，有两位启程不久便遇难了。阿尔芒·阿韦[1]当时患有流感，最终死于马达加斯加的一次雷击。费利克斯—弗朗索瓦·戈德弗鲁瓦[2]在马尼拉时，当地人从未见过一个活着的白人站在蛇中间，于是将他视为异类殴打至死。这世上有多少植物学家可以自诩在一个鸟不拉屎的村里引发激烈的冲突？帕特里克曾因他的绿色头发在喀麦隆的一个村庄里引起妇女们的争论：这是自然的吗？添加物？染色？争论越来越激烈，情况很快就失控了。

---

[1] Armand Havet：阿尔芒·阿韦（1795—1820），法国医生、解剖学工作者、旅行家和植物学家。

[2] Félix-François Godefroy：费利克斯-弗朗索瓦·戈德弗鲁瓦（1798—1820），法国旅行家和植物学家。

第三位是奥古斯特·普莱①，5年后在法兰西堡②死于发热。

尽管没有多少机会登上自然历史的荣誉阶梯，但他们仍然踏上了征途。最幸运的是那些最终魂归故里的人，正如这位不幸的维克托·雅克蒙③，其遗骸用酒精防腐后，被放置在巴黎自然博物馆中进化馆的地下室里。讽刺的是，这位博物学家死于一种印度变形虫，脓肿蚕食了他的肝脏。由于他拒绝孟买的英国精英用酱汁烹调的食物，而只食用大米、水和牛奶，这样的饮食最终断送了他的性命。

然而我们现在做得比他们更好吗？我不这样认为。而且如今谁会冒着生命危险去收集野生罂粟？我们不会为了花儿去阿比西尼亚或尼伯尔送死。确实，对许多当年的远行者来说，对生物进行盘点也是上帝的意愿；他们中的大部分虽然相信科学，但更信仰上帝，他们要在创造的万物中去证明神的伟大力量。

今天，危险比从前小，人们也认为没有什么可以去探索的了。然而，对生物多样性的清点远远没有完成，我们仅仅处在人类无限探索的起点，刚开始探测其深度。到目前为止，只有150万种生物被清点出来，很少，希腊字母的第五个。当然，现

---

① Auguste Plée：奥古斯特·普莱（1786—1825），法国博物学家和探险家。
② Fort-de-France：法兰西堡，法国海外领地马提尼克首府。
③ Victor Jacquemont：维克托·雅克蒙（1801—1832），法国自然学家和探险家。

在不再需要去探索地理的极限，而是要利用高科技去探究深海和树冠；不光发现大熊猫，还有无限小的细菌。350年来，人类努力建立了一个精细的列表，此后对自然的现代思考似乎只限于一个包罗万象的词汇：生物多样性。这是表述生物的一个词汇箱，我们可以把本恩吉音乐棕榈或是金山葵这样的植物随便扔进去。人们张口就能说出这个词，报纸上也不例外，但今天很少有人知道如何命名一株植物。

还有很多工作要做，或是说重做。总是需要清点例外，还要找到它们，至少要描述剩下的种类。探索是永恒的，我们回到从前，回到圣-伊莱尔，回到普瓦夫尔和阿当松，去寻找我们担心已经失去的物种。许多原始森林被毁，许多物种和风景消失了。建造大型保护机构或国家公园是不够的，那不过是些碎片、残留物，相对于曾经存在的实在微不足道。然而，一个不起眼的绿植袋中也许就隐藏着一个巨大的植物宝藏。这样一来，新的探索重新变得困难起来，这些保存完好的遗物可能就在那人迹罕至的峡谷中，在陡峭的山崖上。

# 五十七

就在大自然重新活跃起来的那一刻，艾莫南先生在医院的病床上熟睡过去。小小的白色房间散发着消毒水的味道，里面摆满了鲜花，彩虹般的各色玫瑰花。植物标本馆是他最后的愿望，由于不能出门，艾莫南先生就采集他床头柜上的花朵，仔细地夹在报纸中间压好，护士们是在他的床垫下面找到的。

对有意追随他的脚步的人来说，他留下的荧光便利贴和闪光的彩条花瓣一直在照亮着时间久远的标本。他的一生便记录在此，写在酸奶盒的包装纸背面，写在商店小票上，到了电脑时代还在用打字机写字。艾莫南先生对人们的嘲笑不屑一顾，在物质极大丰富的工业时代，他仍在模仿前辈，把他自己的世纪融入植物学的历史。

在睡梦中，也许他进入了那个没有边界的世界，彼时连跨过塞纳河都是一项壮举。在冬天，探险者们除了经历海难和疾病，还要与神话和怪物为伍，他们的想象像狐茅草一样永恒而持久。那个年代，别的地方到处是吃有花植物的部落和吃人的有花植物。荷兰商人会吊死您，而挪萨—拉乌的土著人会吃掉您的手掌与脸颊。当我们得知他们所冒的一切风险和恐惧时，我们手中持有的一小片新发现的植物标本简直就是奇迹。这些旅行家出发前在行囊中装上了情感，却与渡渡鸟和克里的紫萝兰一样都消失了，消失在未知的恐惧中。

如果明天出发去印度尼西亚，去追随布干维尔和科默松的脚步，我们会重新找到密集的红树群落吗？有一天，我发现了一个棕榈树新品种，不知道它是否仍在别处生长。我研究热带草原木本植物对采伐的反应，不再知道达荷美王国的贝宁妇女在看什么。仔细想来，真希望痛哭一场。面对一片枯干的土地，有人对我说安拉会在此重新种植树木。我们走过的地方通常不是茂密的森林，看到的往往是因人口飞速增长而被社会推向极致的农业系统。一切都变得如此复杂，无法用简单的话语去描述。而简单地去解释自然，正是我们作为植物学家的责任。

因此我觉得很难预知未来，圣-伊莱尔或阿当松写给读者的信和预言全都是错误的。我们如此担忧的未知因素到来了，那就是一无所知。在生物灭绝的时刻，这样的情景会显得异常黑暗。但我在燃烧过的热带草原上看到弯子木科植物

（*Cochlospermum*）再次开花，看到木棉属植物厚厚的绒毛花瓣绽放，那是在荒凉石子上闪过的流星。

　　50亿年过后，太阳将变成一团星云。也许，那才是植物的终结。

# 跋

　　假如不是到浩如烟海的图书馆去淘宝，我根本无法写出书中提到的这些人名与时代。在写作过程中，我们不仅查阅了科学出版物，也找到了历史文献。每一个细节都来自一次书信沟通或是探险实录，一篇科学论文或是航行日记。在通常情况下，我们保留了原来的说法，不是因为省事，而是因为其新鲜与准确性。尽管过了几个世纪，这样的写作在我们看来仍是难以模仿的。我们本身并非历史学家，于是借鉴了许多专家的工作，我们将在书后列出。因此，对某个时期中可能令专家恼火的某些阐述，我们深表歉意。由于记录装置可能会妨碍阅读，我们希望跟您分享这一主观的参考书目，用于贯穿我们书中的特定主题。之后，肯定是植物标本馆，这是我们无法回避的资料来源，我们从中采纳了许多资料，很多文件遍寻不见，最后在标本馆里的储物架上找到了。

　　假如没有这些无数的描述与样本，没有昨天的探险家和今天的科学家，就不会有这本书。他们当中有些并非身患恶性发热，也在这本书的写作中不幸地离开了我们。因而，我们在此向莫里斯·施密德献上几朵盛开的鲜花，他在享受了96个春天后，去伊甸园看看沙漠中的龙脑香属森林最终是否藏在某个角落里。

就个人而言，我还想感谢我的同事们并向他们致敬，他们日复一日地辛勤工作，有时不得不面对官僚机构的不配合，在此职业不受重视的情况下仍然坚持奉献。我希望这些文字最终可以说服他们，我们所分享的这块千层蛋糕是独一无二的，且他们的专业技能如此稀有和出色，没有他们就没有采集。最后一句话是献给国立自然历史博物馆的，它位于所有现代问题的十字路口上，而我为每天与它打交道而感到无比自豪。

# 参考书目

## 启发性书目

André Gide, *Voyage au Congo*, Gallimard, 1927.

*Ushuaia Nature*, épisodes au Venezuela-Tepui-Kukenan et Socotra, TF1, 1999 et 2006.

Francis Hallé, *Un monde sans hiver. Les Tropiques, nature et sociétés*, Seuil, 1993.

—, *Éloge de la plante*, Francis Hallé, Seuil, 2000.

Lucile Allorge-Boiteau, *La Fabuleuse Odyssée des plantes*, JC Lattès, 2003.

Patrick Blanc, *Être plante à l'ombre des forêts tropicales. Pour une nouvelle biologie*, Nathan, 2002.

Patrick Blanc, «*S'éviter, se réajuster, se mimer, se répéter. De l'art de la cohabitation chez les plantes de sous-bois*», Hommes et plantes, n° 48, 2003.

Théodore Monod, *Terre et ciel, Entretiens avec Sylvain Estibal*, Babelio, 1998.

Jean-Pierre Demoly, *Un jardin botanique d'exception: Les Cèdres*, Éditions Franklin Picard, 1999.

## 总书目

Aline Raynal-Roques, *La Botanique redécouverte*, Belier, 1999.

C.L Gatin, *Dictionnaire aide-mémoire de botanique*, Paul Lechevalier Éditeur, 1924.

*Manifeste du Muséum, quel futur sans nature*, Collectif, Reliefs-Muséum d'histoire naturelle, 2017.

Emilie-Anne Pépy, *«Décrire, nommer, ordonner»*, Études rurales, 2015.

Les webdocumentaires, Herbier 2.0, www.webdoc-herbier. com.

Et la base de données en ligne du Muséum, avec 6 millions de spécimens en ligne: https://science.mnhn.fr/institution/mnhn/collection/p/item/search.

Joëlle Magnin-Gonze, *Histoire de la botanique*, Delachaux et Niestlé, 2006.

*L'Herbier du Muséum. L'aventure d'une collection*, Coédition Artlys/ Muséum national d'histoire naturelle, 2013.

*L'Herbier du Monde. Cinq siècles d'aventures et de passions botaniques au Muséum national d'histoire naturelle*, L'Icono-claste/Muséum national d'histoire naturelle, 2004.

## 图内福尔

Collectif, *Tournefort*, Muséum national d'histoire natu-relle, 1957.

Denis Lamy et Aline Pelletier, «La conservation et la valorisation de l'Herbier de Tournefort au Muséum national d'Histoire naturelle», La lettre de l'OCIM, 2010.

Inventaire Après-Décès de Joseph Pitton de Tournefort, 1709.

Joseph Pitton de Tournefort, *Relation d'un voyage du Levant fait par ordre du Roy*, 1718, Imprimerie royale.

*Éloge de Tournefort par Fontenelle et d'un abrégé de sa Vie, Histoire de l'académie royale*, 1708.

## 阿当松

Auguste Chevalier, *Michel Adanson, voyageur, naturaliste et philosophe*, 1934, Larose.

Michel Adanson, *Histoire naturelle du Sénégal. Coquillages.*

Xavier Carteret, *Michel Adanson (1727–1806) et la méthode naturelle de classification botanique*, Honoré Champion, 2014.

*Adanson. The Bicentennial of Michel Adanson's Familles Des Plantes*, sous la direction de G.H. Lawrence, avec des communi-cations de Théodore Monod et Jean-Paul Nicolas, 1964, Hunt Institute for Botanical, Claude-Jean Baptiste Bache, 1757.

## 普瓦夫尔

Jacques Savary des Bruslons, *Dictionnaire universel de com-merce*, chez les Héritiers Cramen et Frères Philibert, 1742.

Louis-François Jéhan, *Dictionnaire de botanique: organo-graphie, anatomie, physiologie végétales*, J.-P Migne, 1851.

«Une œuvre scientifique et artistique unique: le Carpo-rama de L.M.A. de Robillard d'Argentelle», *Bulletin de la société botanique de France*, Lettres botaniques, 1984.

Jean-Paul Morel, 2018 ainsi que son site Internet qui documente Pierre Poivre de A à Z, avec notamment son «Plaidoyer en faveur de Fusée-Aublet», www.pierre-poivre.fr Monique Keraudren-Aymonin et Gérard

G. Aymonin.

Pierre Poivre, *Mémoires d'un botaniste et explorateur*, La Découvrance Éditions, 2006.

Sur la vie de Monsieur Poivre, Une légende revisitée de Richard Grove, *Les Îles du Paradis. L'invention de l'écologie aux colonies, 1660–1854*, Igor Moullier, La Découverte, 2013.

Œuvres complètes de Pierre Poivre, précédées de sa vie, Pierre Poivre, Pierre Samuel Dupont de Nemours, LM Langlès, 1797.

## 林奈

A. L. A. Fée, *Vie de Linné, rédigée sur les documents auto-graphes laissés par ce grand homme et suivie de l'analyse de sa corres pondance avec les principaux naturalistes de son époque*, par F.-G. Levrault, 1832.

Ainsi que les manuscrits, les lettres de Linné, digitalisés sur le site de la Linnean British Society http://linnean-online.org/correspondence.html.

Carl Linnaeus, *Voyage en Laponie*, La Différence, 2002.

*Hortus Cliffortianus*, Carl Cinneaus, 1738.

*Musa Cliffortiana, Clifford's Banana Plant*, Carl Lin-naeus, Gautner Verlag, 2007.

## 米肖

Andrea Wulf, *Founding Gardeners: The Revolutionary Generation, Nature, and the Shaping of the American Nation*, Knopf, 2011.

## 汤执中等

Charles de Montigny, *Manuel du négociant français en Chine. Commerce de la Chine considéré au point de vue fran-çais*, 1846, Imprimerie de Paul Dupont.

Jane Kilpatrick, *Fathers of Botany*, University of Chicago Press, 2015.

*Qing Encounters: Artistic Exchanges between China and the West*, Issues & Debates, Petra ten-Doesschate Chu, Ning Ding — in the chapter Vegetal travel, Western European plants in the garden of the emperor in China, Che-Bing Chiu, Getty Research Institute, 2015.

Xavier Paulhès, *L'Opium. Une passion chinoise (1750–1950)*, Payot, 2011.


**圣-伊莱尔**

Auguste de Saint-Hilaire, *Voyage dans l'intérieur du Brésil*, 1830, Grimbert de Dore.

*Auguste de Saint-Hilaire (1779–1853), un botaniste fran-çais au Brésil*, Collectif. Publications Scientifiques du Muséum-Paris, 2016.

Raphaël Lami et Laura Gabriela Nisembaum, «Pau-brasil, l'arbre qui donna son nom au Brésil», revue *Espèces*, 2017.


**拉马克**

Yves Delange, *Jean-Baptiste Lamarck*, Actes Sud, 2002.


**科默松**

Louis-Antoine de Bougainville, *Voyage autour du monde*, 1771, Saillant et N.

*Philibert Commerson, le découvreur du bougainvillier*, Jean-nine Monnier, Anne Lavondes, Jean-Claude Jolinon. Pierre Élouard, 29 juillet 1997 de Jean-Claude Jolinon et Anne Lavondès, Saint-Guignefort Association.

## 植物标本历史

Amandine Péquignot, «Une peau entre deux feuilles, l'usage de l'"herbier" en taxidermie aux xviii<sup>e</sup> et xix<sup>e</sup> siècles en France», *Revue d'histoire des sciences*, 2006.

Benoit Dayrat, *Les Botanistes et la flore de France: trois siècles de découvertes*, Muséum national d'histoire naturelle, 2003.

## 棕榈树

Jeanson et Guo, *Arenga longicarpa a Poorly Known Species from South China, Palms*, 2011.

John Dransfield & al., *Genera Palmarum, The Evolution and Classification of Palms*, 2008, Kew Publications.

Marc L. Jeanson, *A New Species of Caryota (Arecaceae, Coryphoideae) from Central and North Sulawesi*, 2011 Sys-tematic Botany.

# 译后记

　　《植物情怀》作者之一马克·让松是一位植物学家和农艺师，年纪轻轻就成为法国国立自然历史博物馆植物标本馆的负责人，他重塑了植物学方面的职业。

　　作者在本书中表达了他对植物学和植物学家的敬意，尤其是法国的植物学家，几百年来他们跑遍了世界各地，冒着生命危险采集植物以清点地球上的植物种类。正是这些历史上对植物不离不弃的博物学家创造了植物学这门科学，没有他们前仆后继的奔波，当今植物学便会缺少许多历史的记忆。作者首先讲述了自己儿时的生活环境，自己的梦想和追求，当他还是一个小男孩的时候，便对大地上各种生物怀有强烈的好奇心。当年大学里尚未开设植物学科相关专业，作者辗转多校，锲而不舍地找到了自己的研究方向——棕榈树，和落脚点——法国巴黎国立自然历史博物馆植物标本馆。

　　植物在我们的生活中不处不在，它们不像能够自由行动的动物那样足以吸引人类的关注，只是默默地生长着，发芽、开花、结果、落叶、冬眠。一般人很少会探究它们到底从哪里来，生存方式是怎样的，如何分类命名等问题。几百年来，西方博物学家对世界各地的珍奇植物做了地理大发现，植物已经全球化。我们在亚洲、欧洲、美洲等各大陆都可以见到其他大陆的树木花草兴旺繁殖，这中间当然各有利弊……在这个过程中究竟有过怎样的历史？人类在地理大发现的同时如何改变了大自然的风景？植物学家们如何在几百年的艰难探索和辛劳中把植物标本保护了下来，让后人得以了解当年植物的生长情况以及灭绝了的物种？作者在书中娓娓道来。

书中描述了许许多多老式植物学家，他们的为人处世和工作方式各具特色。显然，植物学像其他学科一样在与时俱进，但在新的研究框架和工作环境中，植物最基本的采集方式并没有被摈弃，科学家们仍需依赖自己的眼睛和手去进行最基本的采摘、辨别、压制等工作。阅读此书，我们有缘结识一些老式植物学家，如图内福尔、科默松、弗朗谢、拉马克、普瓦夫尔、梅屈兰、林奈、米肖、圣-伊莱尔、阿当松、艾莫南、布朗……还有在18、19世纪远赴中国为植物学做出贡献的传教士谭卫道、德拉维、汤执中等。同时，我们也得以窥探颇受冷落的植物研究。人类与植物的命运息息相关，我们共同分享着地球上的这片土地。

作者的写作方式很独特，现实描述中穿插着历史，正叙夹杂着倒叙，当代人物与历史人物串连……有如时光穿梭，让读者沉浸在历史与现实的往复中，人物和植物就这样活了起来。作者这种跳跃性的思维与写作给人目不暇接的感觉，似乎植物也随之舞动起来。

本书集自传、科普和小说为一体，让读者在阅读的喜悦中不知不觉对植物产生了好奇心，想要走近在大自然中遇到的每一株植物，了解它的名称、来历和生长情况。

翻开《植物情怀》，跟随植物学家的脚步，去世界各地重温那一次次刻骨铭心的探险活动。